KB275706

이어령의 교과서 넘나들기

콘텐츠 크리에이터 **이어령** | 글 **곽임정난** | 그림 **조진옥** | 기획 **손영운**

환경편 15 지구의 미래를 위한 환경 보고서

살림

생각을 넘나들며 다양한 지식을 익히는
융합형 인재가 되세요!

우리는 지난 몇 년간 엄청난 변화를 겪었습니다. 과학기술과 정보통신기술의 비약적인 발전으로 인해 지난 시절 몇 세기에 걸쳐 누적된 삶의 변동보다 훨씬 더 크고 빠른 변화를 경험해야 했던 것이지요. 스마트폰 같은 디지털 기기들과 트위터, 페이스북 같은 소셜 네트워크 서비스들은 불과 1~2개월의 시간 동안 우리 삶의 방식을 일순간에 바꾸어 놓았습니다. 당연히 지난 시절에 유용했던 생각과 지식 역시 크게 달라질 수밖에 없습니다. 이럴 때 우리 아이들은 미래를 위해 무엇을 준비하고 공부해야 할까요?

저는 이런 이야기를 좋아합니다. 옛날 어떤 사람이 우연히 산속에서 신선을 만났습니다. 신선에게 소원을 말하면 들어준다는 말에 그 사람은 신선을 붙들고 놓아 주지 않았지요. 그리고 신선에게 말했습니다. "저기 저 바위를 황금으로 바꿔 주세요." 다급해진 신선이 지팡이를 휘둘러 커다란 바위를 황금으로 바꾸어 주었습니다. "이제 놓아다오." 그때 그 사람이 눈을 반짝이며 말했습니다. "소원이 바뀌었어요. 그 지팡이를 제게 주세요."

이 이야기는 단순히 고기 잡는 방법을 가르쳐야 한다는 말이 아닙니다. '황금'이라는 창조물에서 황금을 창조하는 '방법'으로 생각을 이동시킬 수 있는 능력이 중요하다는 말입니다. 우리 아이들이 주역이 될 미래는 다양한 방면으로 바라보고 가로지르고 융합할 수 있는 '생각의 능력'이 더없이 중요해지는 시대입니다.

콜럼버스의 일화를 소개할까요. 콜럼버스가 신대륙에 상륙했을 때 어딘가에서 새소리가 들렸습니다. 콜럼버스는 그 새소리를 종달새 소리라고 적었지만, 나중에 밝혀진 바로는 그곳에 종달새는 살지 않았답니다. 콜럼버스는 자신이 알고 있는 지식에 묶여 새(bird) 소리를 새(new) 소리로 듣지 못했던 것입니다. 이런 관습적인 사고가 과거의 생각 방식이었다면 이제 중요해지는 것은 '순환적인 사고'와 '양면적인 사고', 서로 다른 분야를 함께 생각할 수 있는 '복합적인 사고'입니다.

다행히 우리 민족은 이미 오래전부터 이런 사고방식을 부지불식간에 사용하고 있었습니다. 언어적으로 봐도 서양은 한쪽 면만 표현하는 반면 우리는 항상 양면성을 고려했습니다. 고층건물에 있는 '엘리베이터'는 그 뜻을 해석하면 이상합니다. '오르는 기계'라는 뜻이니까요. 우리는 '승강기'라고 씁니다. '오르내리는 기계'라는 뜻이지요. '열고 닫는다'는 뜻의 '여닫이', 나가고 들어온다는 뜻의 '나들이', 이런 어휘들에는 양면적인 사고가 잘 반영되어 있습니다.

　순환적 사고란 무엇일까요. 가위바위보에서 '가위'의 의미에 주목해 보도록 하지요. 바위와 보만 있는 세계는 항상 결과가 자명한 세계입니다. 모두 오므리거나 모두 편 것, 이것 아니면 저것만 있는 세계에서는 다양함이 나올 수 없습니다. 그러나 '가위'가 있어서 가위바위보는 예측 불가능한 결과를 가져올 수 있는 다양성을 갖게 됩니다. 우리는 바로 그 '가위'와 같은 것을 상상해 내고 생각할 줄 알아야 합니다.

　그러자면 서로 다른 분야를 넘나들면서 다양한 지식을 융합적이고 통섭적으로 습득해야 합니다. 쓰고 남은 천들이 버려지는 것이 아니라 조각보로 훌륭하게 다시 만들어질 수 있고, 배추 쓰레기가 '시래기'라는 웰빙음식으로 재탄생할 수 있게 만드는 지식의 습득과 활용이 필요합니다.

　그렇게 자라난 우리 아이들은 과거와는 다르게 모두가 1등이 될 수 있는 사회에서 풍요로운 삶을 살 수 있을 것입니다. 저는 늘 이렇게 말합니다. "남다른 생각과 지식을 가지고 360도 방향으로 제각기 뛰어나가 그 분야에서 1등이 되어라. 옛날처럼 성적순으로 1등부터 꼴찌까지 줄 세우는 시절이 아니다. 그렇게 저마다의 소질과 생각에 맞는 분야에서 1등이 되어 손 맞잡고 강강술래를 돌아라. 그런 아름다운 세상에서 살아라."라고 말이지요.

　스티브 잡스는 스탠퍼드 대학교의 엘리트들에게 이렇게 말했습니다. "Stay hungry, stay foolish!" 졸업하면 성공이 보장된 인재들에게, 그리고 최고의 지성으로 무장한 졸업생들에게 '항상 바보 같아라'라고 말한 것은 어떤 의미일까요. 기존의 지식으로 무장한 사람일수록 세상을 바꿀 뛰어난 생각은 바보같이 느껴진다는 의미가 아닐까요. 현재의 관점에서 불가능할 것 같고 황당하고 쓰임새가 없어 보이는 상상 속에 우리가 예측하지 못했던 엄청난 혁신과 가치가 숨어 있다는 것을 스티브 잡스는 말하고 싶었던 겁니다.

　〈이어령의 교과서 넘나들기〉가 우리 젊은 학생들이 그런 행복한 미래(future)에 대한 비전(vision)을 갖는 데 꼭 필요한 융합형(fusion) 교양 지식을 익히고 생각의 넘나들기를 익힐 수 있는 좋은 계기가 되기를 바랍니다.

이어령

지식 대융합 시대의 창조적 교양인을 꿈꾸는 여러분께

현대 사회는 'T자형 인간'을 요구한다고 합니다. 'T자형 인간'이란 자기 분야는 물론이고, 다른 분야에도 깊은 이해가 있는 종합적인 사고 능력을 가진 사람을 일컫는 말입니다. 'T'자에서 '―'는 횡적으로 많이 아는 것을, 'ㅣ'는 종적으로 한 분야를 깊이 아는 것을 의미하지요.

왜 현대 사회는 T자형 인간을 원할까요? 그 이유는 21세기가 '지식 대융합의 사회'를 지향하고 있기 때문입니다. 현대는 하루가 다르게 새로운 개념의 첨단 전자 제품이 나오고, 그것이 우리의 지식 정보 전달 시스템을 통째로 바꾸고, 그 결과 문명의 방향이 달라지는 시대입니다. 이 변화무쌍한 현실을 이해하고 이끌어 나갈 수 있는 힘은 오로지 창조적이고 통합적인 상상력과 직관을 가진 'T자형 인간'으로부터 생산되기 때문입니다.

하지만 우리의 현실을 보면 앞이 아득합니다. 'T자형 인간'이 되어 21세기 대한민국을 이끌고 나가야 할 청소년들은 빡빡한 학교 수업과 학원 일정에 쫓겨 다람쥐 통의 다람쥐처럼 제자리 돌기만 하고 있습니다. 학교와 교과서를 통해 배운 지식을 단순히 입시 수단으로만 여기고 있습니다. 학교에서 배운 지식을 다른 지식과 잘 연결하고 융합시켜 지적 능력을 키우는 일에는 관심 밖입니다.

〈이어령의 교과서 넘나들기〉 시리즈는 안타까운 우리 청소년들의 지적 현실을 타개하기 위해 만든 책입니다. '5천 년 인류 문명이 이룩한 모든 교양을 만화로 읽는다.'는 생각으로 만화가 가지는 유머와 재미라는 틀 안에 그동안 인류가 축적한 다양한 지식을 담았습니다. 단순히 한 가지 학문만을 다루는 것이 아니라 다양한 학문이 통합된 융합형 교양 지식을 담아 청소년들이 현대 사회를 창조적으로 살아갈 수 있는 능력을 기를 수 있도록 만들었습니다.

인류 문명의 토대가 되는 지식을 담은 재미있고 명쾌하지만 결코 가볍지 않은 멋진 만화책들이 차례로 독자들 앞으로 찾아갈 것입니다. 우리 청소년들이 이 책들을 읽고 '지식의 대융합 시대'를 선도하는 'T자형 인간'을 꿈꾸는 모습을 보기를 간절히 소망합니다.

기획 **손영운**

지구별을 구할 해답을 함께 찾아요

　에코, 녹색, 친환경 같은 말이 요즘에는 온갖 단어 앞에 갖다 붙이는 수식어가 되었지만, 많은 사람들은 사실 눈치채고 있습니다. 이 세계가, 저 사람이 또는 내가, 환경문제 해결을 위해 충분히 노력하고 있지 않다는 것을 말이지요.

　제가 생각하기에 사람들이 환경문제에 관해 무기력해지는 이유는 환경문제가 너무 거대하고 어려워서만은 아닌 것 같습니다. 그보다는 환경을 위하고 지구를 구해야 한다는 무성한 말과 이 사회의 실체가 무척 다르기 때문인 것 같습니다. 그 간극 때문에 사람들은 냉소하거나 포기해 버리는 것이지요. 그래서 전기를 아끼자거나 대중교통을 이용하자거나 하는 캠페인으로는 문제 해결을 시작할 수 없습니다. 나로부터의 작은 실천만으로는 충분하지 않습니다. 나 하나의 실천을 강조하는 사이, 정말 우리가 함께 대화하고 타협하고 공동의 해결책을 모색할 기회를 충분히 만들어 내지 못하고 있는 것은 아닐까요? 지구환경의 문제는 모두의 문제이고, 우리 모두의 지혜를 함께 발휘해야 하지 않을까요?

　전 꽤 비판적이고, 가끔 비난적이기도 하고, 환경문제 해결에 관해서 매우 비관적일 때도 많지만, 그래도 진심으로 우리들의 성찰력과 상상력의 힘을 긍정합니다. 전 지구별을 구할 해답을 알지 못해요. 여러분들과 함께 찾고 싶습니다.

글 곽임정난

지구 공동체가 모두 행복할 수 있는 길

　우리를 둘러싼 지구의 환경을 이야기하는 이 책을 그리면서, 저는 자꾸만 미안한 마음이 들었습니다. 우리를 묵묵히 품어 주는 지구와 예기치 못한 멸종을 맞이하고 있는 다른 생명체들에게 말입니다. 우리가 좀 더 편리하게 살고자 저지르는 많은 행동들이 지구를 아프게 만든다는 것을 알게 되었기 때문입니다. 주변의 모든 에너지를 욕심껏 우걱우걱 먹어치워 제 몸만 불리고, 뒤로는 유해물질들을 마구 뿜어내는 우리의 모습을 누군가는 '도시기생충'이라는 말로 표현합니다. 내가 행복하기 위해서 나 이외의 다른 생명체들이 심각한 고통을 받아야만 한다면 그것은 매우 불행한 일입니다.

　다행히도 이런 고통의 악순환을 끊기 위해 다양한 방법으로 지구 살리기에 동참하는 사람들이 있습니다. 친환경에너지 발전소를 세우는 거대한 일부터 건물 옥상에 작은 텃밭을 일구는 소소한 일까지, 지금 당장 할 수 있는 많은 일들이 이 책에 소개되어 있습니다. 이 책이 여러분을 지구의 모든 공동체가 함께 행복할 수 있는 길로 이끄는 첫걸음이 되기를 바랍니다.

그림 조진옥

이어령의 교과서 넘나들기

환경편 ⑮

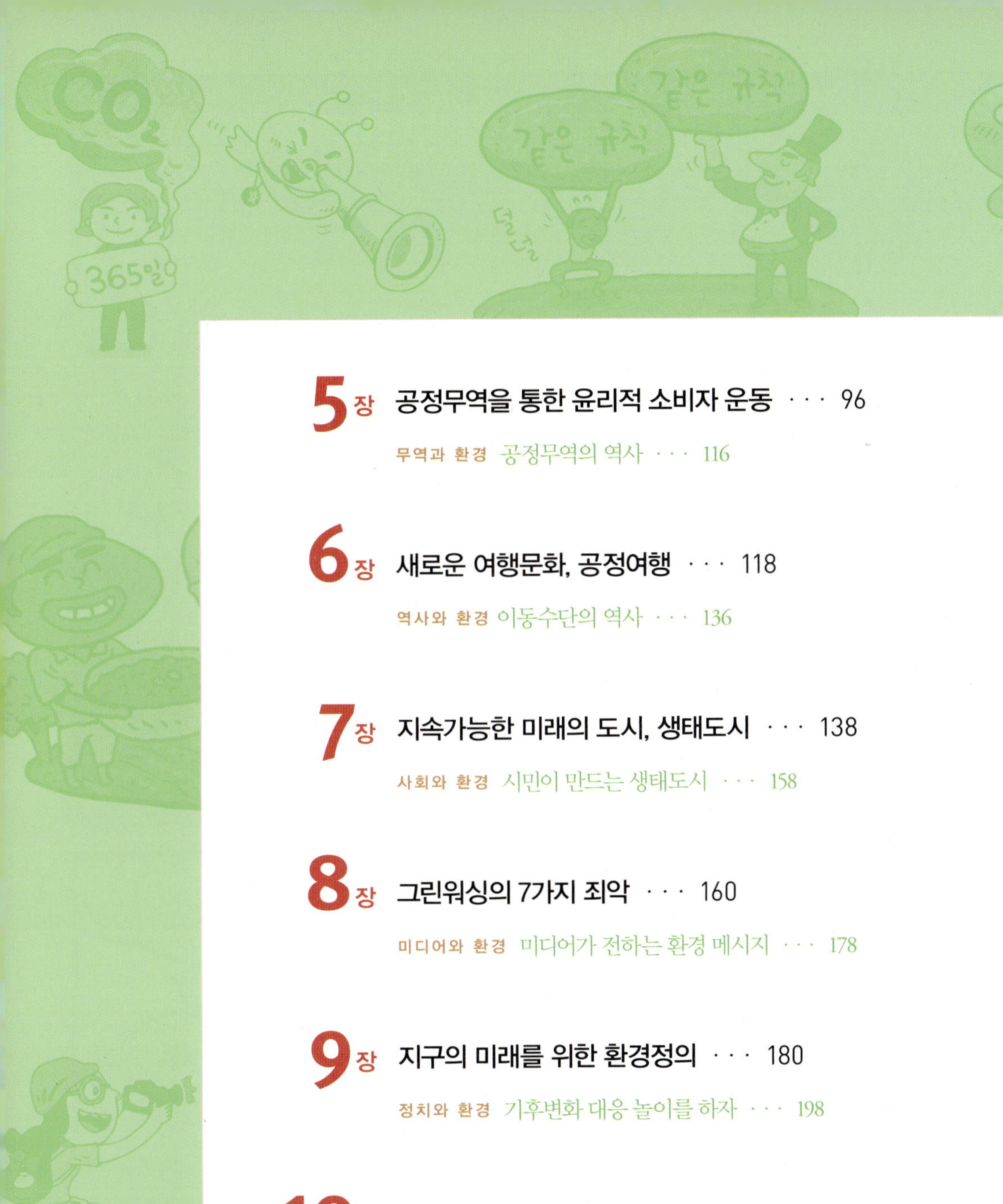

1장 지구 공동체의 보존가치, 생물 다양성

지구는 풍부한 태양에너지와 물이 만나
생명들을 탄생시킨 행성이야.
룰루♪

생물들은 각자의 환경과 상호작용을 하면서
숲과 초원,

연안과 심해,

사막과

해빙과 같은 다양한
생태계를 이루었어.

지구 학자들은 생물종의 수를
1,300만~1,400만으로 예측하고 있고,
흠...
이 중 지구인들이 이름을 발견하여 붙인 것은
150만여 종이야.
찾았다!
이름을
붙여 주마!
검은손부채게

그중 절반이 곤충이고,

식물이 25만 종,

나머지 30%가 척추동물과
곤충류를 제외한 무척추동물, 균류,
이끼류, 원생동물, 박테리아 등이지.

그런데 이런 생물 다양성이 급격히 줄어들면서

현재 지구 역사상 여섯 번째의 멸종이 진행되고 있어.
애들아~, 나를 떠나지 마!

그런데 이것을 진심으로 걱정하는 인간들은 얼마 되지 않더군.
여러분의 지구에서 많은 생물들이 사라지고 있어요!
멸종

그들은 멸종을 숫자로만 인식할 뿐 실감하는 것 같지 않아.
나 먹고 살기도 바쁜데, 다른 생물들 걱정까지야~.
멸종

그래서 난 인간들이 멸종에 관해 어떤 입장을 갖고 있을지, 그들이 일상적으로 접하고 있는 생물로 예측을 해보았어.
어디 보자….
멸종
만약 귀뚜라미가 멸종된다면 인간들은 어떤 반응을 보일까?

초등학생 어린이들 중 몇몇은 더 이상 귀뚜라미를 사육할 수 없어 아쉬워할 수도 있겠지.
슬퍼~. 귀뚜라미를 꼭 키워 보고 싶었는데….
나처럼 다른 벌레를 키우면 되지~.

귀뚜라미 소리가 녹음된 음반이 한동안 불티나게 팔려 나가게 될지도 몰라.
귀뚤♪ 귀뚤♬ 귀뚤♪
이제는 추억이 되어 버린 소리입니다.

자연사박물관에 귀뚜라미 특집 코너가 마련되고.
귀뚜라미
귀뚜라미의 특징과 멸종 과정에 관한 상세한 보고서들이 발간되겠지.
귀뚜라미의 모든 것
귀뚜라미는 왜 멸종되었나
귀뚜라미 특집호
근데, 귀뚜라미는 먹을 수도 없잖아.
입을 수 있는 것도 아니고.
집을 짓는 것과도 상관이 없어서….
인간들은 그저 조금 안타까워 하다가 금방 그 존재를 잊지 않을까?
귀뚜라미는 있어도 그만, 없어도 그만이지.
그렇지, 뭐~.
게임이나 하자~.
이런 상황에서 인간들이 평생 보고 듣지도 못했던 지구 반대편의 어떤 벌레가 멸종된다면?
꼴까닥
마지막 남은 벌레 아무개씨
대부분의 인간들은 눈 하나 깜짝하지 않을 것 같아.
방금 무슨 소리 안 들렸어?
무슨 소리?

그런데 멸종은 항상 있어 왔잖아요.
환경에 적응하지 못하면 퇴화하거나 멸종의 길을 걷게 되니까요.
그래, 멸종이 자연스러운 현상이라는 것은 맞아.
벌레 아무개씨 여기 잠들다

그러나 지금 지구에서 일어나는 멸종은 자연스럽지 않은 게 문제야.
살려줘~.
멸종
멸종

너무 빨리, 너무 광범위하게 진행되고 있거든.
멸종
헉!

1996년부터 2008년 사이에 791종이 사라졌는데,

그 이유가 인간이라는 하나의 종이 지구를 죄다 차지한 결과라는 점도 특이하지.
내가 살던 숲이 사라졌어~.
내가 살던 습지도 사라졌어~.

더 큰 문제는 생물 다양성 감소가 결국 인간들 스스로에게 큰 위협이라는 거야.
생물다양성
감소

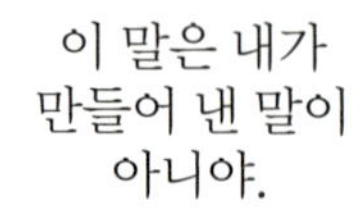

이 말은 내가 만들어 낸 말이 아니야.
바로 유엔이 정한 2010년 '생물 다양성의 해'의 표어야.
'생물 다양성은 생명, 생물 다양성은 우리의 삶'

그런데 생물 다양성은 어떻게 지구인들의 삶의 토대를 이루고 있을까?

지구인들은 자신들이 지은 건물에서 살면서
공장에서 만들어진 공산품을 먹고 입으면서 살고 있는 것 같지만,
실은 이 모든 것들은 자연에서 얻은 거야.
ㅇㅇ라면

인간들이 살 수 있는 지구의 대기 상태는 오랜 기간 동안 이어져 온 생물과 환경의 상호작용한 결과물이지.
후읍~
하아~

특히 식물은 광합성을 해서 산소를 공급하고, 이산화탄소를 흡수해.
이산화탄소
산소

음식 역시 마찬가지야.
인간이 섭취하는 소금과 물을 제외한 모든 것은
다른 생물에 의해서 비롯되지.
소금
물

인간들은 버섯과 같은 균류에서부터

다시마 같은 해조류,

겉씨식물과 속씨식물들의 열매, 잎, 꽃, 줄기,

온갖 어류와

조류, 포유류,

새우 같은 갑각류,
오징어 같은 연체동물,
해삼 같은 극피동물까지 먹어.

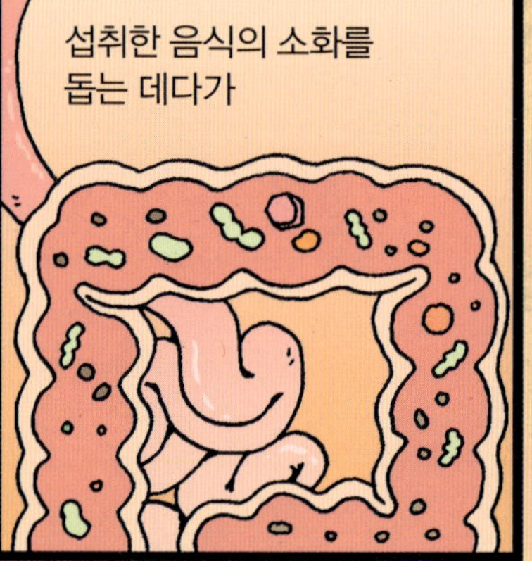

식량이 되는 농작물을 재배하는
과정에서도 다양한 생물들에 기대고 있지.

농작물들의 가루받이는 곤충이나 새, 박쥐 같은
동물들이 해주고 있으니까.
우리가 바로
가루받이 전문가!

식량, 섬유, 식용유, 약물 추출 등에 쓰이는 식물 중 30%가 생물들에 의해
꽃가루받이가 되고 있어.
수술의
꽃가루를
암술로 옮겨 주는
거야.

거의 모든 과일이나 채소 농사에 곤충이
필요하고, 특히 꿀벌이 매우 중요하지.
내 다리에
묻어 있는
꽃가루를
보라구~.

물론 농작물을 망치는 생물들도 있지만,
아이고~,
벼를 다 갉아
먹네~.
냠냠~

이것을 잡아먹는 천적을
활용하여 해충방제를
할 수 있어.
꺅!
이
나쁜
놈들~!
으악~,
도망가자!

또는 식물로부터 천연 살충제를
얻기도 하고 말이야.
모기 살려!
칫!
들국화
추출물

한편, 농작물은 흙의 건강함과 직접적으로 관련 있기 때문에 작물에게 좋은 토양을 만드는 일이 농사일의 상당 부분을 차지해.
좋은 땅이 되어라~.
비료

이것을 가능하게 하는 것이 토양 생물들의 상호작용이야.

토양은 엄청난 생물들로 북적이고 있어.
심지어 1g에서 5천 종이 발견된 적도 있다고 해.
와글~와글~
으샤, 으샤~, 먹이를 모으자!
집을 더 넓혀야겠어.
특히 지렁이는 기름진 땅을 만드는 일등공신이지.
꾸물~꾸물~
내 똥은 영양이 아주 풍부하지!
뿌직~뿌직~

의생활 역시 생물들과 밀접한 관련이 있어.

면, 모, 가죽, 실크 등 옷을 만드는 재료들은 각종 동식물로부터 비롯되기 때문이야.

가구나 종이, 각종 건축물의 재료가 되는 나무는 인간들이 오랫동안 사용해 온 자원이지.
우리 나무들은 쓸모가 아주 많다구~!

대부분의 천연약물 역시 식물과 곰팡이와 같은 생물들이 자신의 생존을 위해 생성해 온 수십만 가지의 천연물질을 활용하여 만들지.

전 세계적으로 종합 의약품의 절반이 자연에서 얻어지고 있고,

전 세계 인구의 75%가 천연 추출물로 만든 전통적인 의약품에 의존하고 있어.

온갖 염료와 화장품의 원료 역시 생물 다양성에 기대어 있어.

생물 다양성은 생활에 직접적으로 사용되는 물자를 생산할 뿐만 아니라 생태계 기능의 균형을 유지하는 역할도 해.

기후 조절이나 물의 생산과 정화와 같은 생태계 서비스를 지탱하는 것이지.

예를 들어, 도시의 숲은 열섬현상을 막아 주고,
열섬현상(Heat Island): 도심의 온도가 대기오염이나 인공열 등의 영향으로 주변지역보다 높게 나타나는 현상.

공기의 이동이 잘 되도록 해줘.

기후 변화의 주범인 이산화탄소를 흡수하는 주된 역할을 하는 것도 바로 나무지.
이산화탄소
꿀꺽~ 꿀꺽~

숲과 논, 초지 등 지표면의 다양성은 물을 풍부하게 만드는 데 도움이 되지.

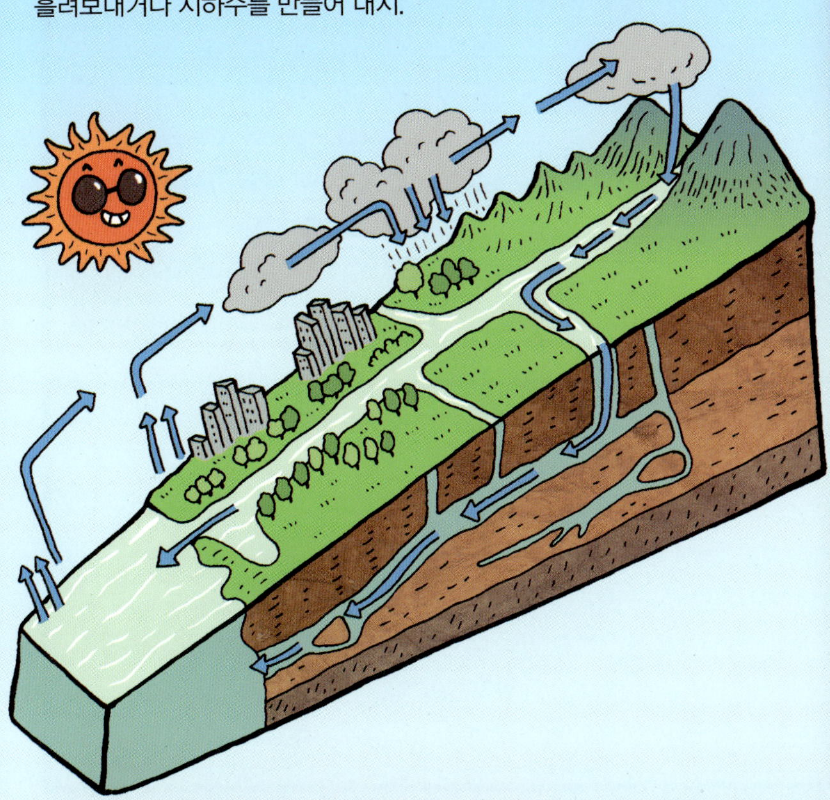

또한 눈에 보이지 않는 수많은 미생물과 식물, 동물들에 의해 물이 정화돼.

이탄 : 땅속에 묻힌 시간이 오래되지 않아 완전히 탄화하지 못한 석탄.

석유나 석탄도 생물과
관련되어 있지.

석유 역시 비슷한 방법으로 약 1억 년 전에 만들어졌지.

그러므로 미발견된 생물종 그리고 미처 그 효능을 파악하지 못하고 있는 무수한 생물들은
현재까지 치료를 못하는 여러 질병을 개선할 수 있는 가장 중요한 보물창고가 될 것이라
예상할 수 있지.

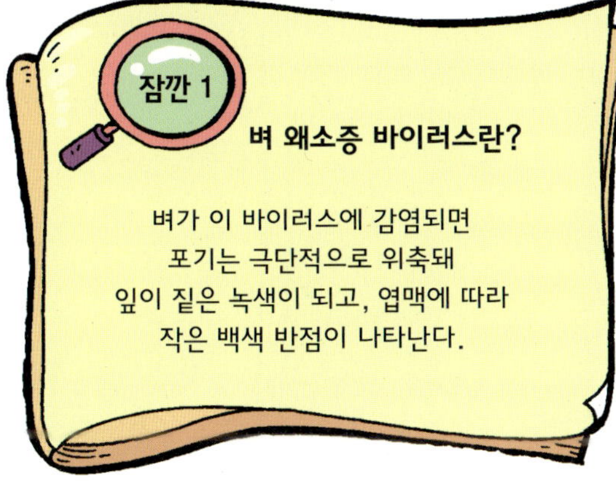

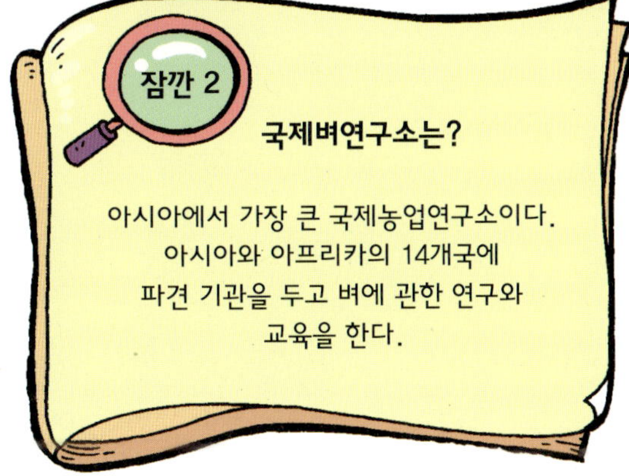

잠깐 1

벼 왜소증 바이러스란?

벼가 이 바이러스에 감염되면
포기는 극단적으로 위축돼
잎이 짙은 녹색이 되고, 엽맥에 따라
작은 백색 반점이 나타난다.

잠깐 2

국제벼연구소는?

아시아에서 가장 큰 국제농업연구소이다.
아시아와 아프리카의 14개국에
파견 기관을 두고 벼에 관한 연구와
교육을 한다.

이 외에도 새로운 물건의 발명과 산업기술의 발달 역시 생물 다양성을 원천으로 할 수 있어.

1997년 과학잡지 ‘네이처’는 대기 조절, 기후와 재해 조절, 식량 생산, 정서적 안정과 휴식 공간 제공 등
CO₂
O₂
nature

생태계가 주는 혜택의 가치를 약 33조 달러라고 계산했어.
$33조

한국의 경우에도 휴전선 비무장지대를 보존하는 것의 경제적 가치는 2조 700억 원,
2조 700억원

창녕 우포늪의 보존가치는 약 560억 원으로 추정했지.
560억원

생물 다양성과 생태계 서비스를 돈으로 환산할 때의 장점도 있어.

생물종 보존이 왜 필요한지 돈의 액수를 듣고 사람들이 금방 이해할 수 있고,
헉! 여기가 그 정도의 가치가 있다고?

어떤 지역의 개발 여부를 결정할 때의 근거로 활용할 수 있어.
개발하지 말고 그대로 보존하는 게 좋겠어요.

무엇보다 생물 다양성의 가치를 돈으로 평가하는 것이 올바른 접근인지,
만약 경제적이 아니라면 보존하지 않아도 되는 건지 등등 여러 가지 윤리적 문제도 갖고 있지.

인간들은 생물 다양성을 지키기 위해서 여러 가지 노력을 기울이고 있어.
국제적인 약속이나 법률, 시민사회의 보존 운동 등을 통해서 말이야.
산을 지키자!
터널 공사 반대!
이산화탄소 배출량을 줄이자!
CO₂
CO₂
크릉~ 크릉~
개발

'생물다양성보존협약'은 생물 다양성을 보존하고 생물자원을 지속적으로 이용하며,

생물자원을 이용하여 얻어지는 이익을 공정하고 공평하게 분배하기 위해 채택된 중요한 국제적 약속이야.
이익
이익
이익
이익

한편, 생물 다양성을 위한 가장 효과적인 방법은 생물들이 살고 있는 서식지를 보존하는 것이야.

과학, 보존, 자연미의 시각에서 볼 때 탁월한 보편적 가치를 지닌 자연지역을
유네스코에서 세계 자연유산으로 선정하여 보호하고 있지.
잘 보존해서 미래에 전해 줍시다.
UNESCO

유엔이나 국가 간의 노력 말고도 보통 시민들에 의한 서식지 보존 활동들이 있어.
예를 들어, 내셔널트러스트(국민신탁운동)는 보존 가치가 있는 자연자원이나 문화자산을 함부로 개발할 수 없도록
잠깐 멈춰요!
시민들이 자발적으로 모금과 기부를 하는
환경보호
국제적인 시민환경운동이야.
우리의 힘으로 지킵시다!
한국 연천의 비무장지대 일부 야산,
충북 청주에 있는 원흥이 방죽의 두꺼비 서식지 같은 곳이 이런 시민들의 기부와 기금으로 보존될 수 있었지.
보호해야 할 또다른 곳을 찾아 출발~!!

프랑스의 '정원 나비 관측소'는 일반인들이 나비 모니터링에 참여할 수 있는 프로젝트인데,
1만 5천 개의 정원이 등록되어 많은 사람들이 나비를 연구하고 있다고 해.
여기에 나비를 키워 보세요.
정원 나비 관측소

지구의 모든 생물은 이 별의 주인공이야.
오랫동안 주변의 환경과 상호작용하면서 자신만의 생김새를 이루고, 적절한 생활방식을 터득한 생명들이지.

이러한 관점으로 보면 진화는 더 우월한 존재가 되는 것이 아니라
끊임없이 주변과 관계를 지속하면서 변화할 수 있는 능력의 결과인 셈이야.
여섯 번째 대멸종의 시대를 살아가고 있는 지구인들이 다른 생명과 어울리면서 어떻게 진화할지 몹시 궁금하군.

생물 다양성

생물 다양성이란 뭘까요? 소수의 종이 많은 개체수로 존재한다고 해서 다양하다고 말하지 않는다는 건 여러분도 알고 있을 거예요. 그렇다면 종의 숫자가 많으면 생물 다양성이 높다고 말할 수 있는 걸까요? 생물학에서는 고전적으로 '생물종 다양성'을 가장 중요하게 여겼답니다. 일반적으로 '종'이란 생물의 종류를 말하는데, 개체 사이에서 교배하여 자손을 남기는 한 무리의 생물이죠. 그런데 이러한 종의 다양성은 '유전자 다양성', '생태계 다양성'과 밀접한 관계를 갖고 있어요.

유전자 다양성이란 하나의 종에서 나타나는 유전자의 다양성을 뜻하는 개념이에요. 보통 진화는 유전자가 다양해지는 방향으로 진행되어 왔어요. 그러다가 종의 분화가 일어나면 같은 종이었던 생물이 다른 종이 되기도 하죠. 유전자가 다양할수록 한 생물이 다양한 방식으로 환경에 대처할 수 있는 가능성은 좀 더 높아져요. 작은 유전자의 차이가 생물 종의 중대한 변화를 가져올 수도 있어요. 하나의 종의 유전자가 취약하면 그 종이 생존하고 적응하는데 어려움을 겪을 수 있다는 점에서 생물다양성과 밀접한 관련이 있는 것이죠. 요즘 한국에서 진행되고 있는 지리산 반달곰 복원 프로젝트에서 논쟁이 되었던 혈통 문제가 바로 이 유전자 다양성과 관련돼 있어요. 관계자들은 러시아에서 온 반달곰이 원래 한반도의 혈통과 유사한 건지, 유전적으로 다양성을 어떻게 확보할 수 있는지 등에 관해 고심했다고 해요.

생태계란 어떤 지역 안에 사는 생물군과 이들과 관계 맺는 빛, 물, 토양과

멸종 위기의 아시아 흑곰. ⓒFlominator

같은 무기적 환경요인이 종합된 복합 체계예요. 무기적 환경의 특징에 따라 해양생태계·호소생태계·극지생태계·사막생태계 등으로 구별하기도 하죠. 아무리 종의 수가 많고 유전적으로 다양하다고 하더라도 생물들이 살아가는 서식지 또는 생태계가 사라진다면 어떻게 될까요? 멸종과 같은 극단적인 사태가 벌어질 수도 있겠지요.

2008년 여름에 모은 균계의 견본. 균계의 종의 다양성을 보여주는 한 예이다. ©Sasata

생물 다양성과 관련된 국제적인 협약들은 여러 측면에서 이러한 다양성을 고려하고 있어요. '멸종위기에 처한 야생동식물종의 국제거래에 관한 협약'이나 '이동성 야생동물종 보전협약'은 주로 생물종과 서식처 보존과 관련돼 있죠. 습지 보존과 관련된 '람사협약'이나 세계 자연유산과 문화유산의 보호를 위한 '세계문화유산협약' 등은 생태계 보존과 관련이 깊어요.

한편 생물종 다양성은 문화 다양성과도 밀접한 관련이 있어요. 그 지역에서 대대로 살아오면서 환경과 상호작용했던 토착민들은 나름의 지식과 윤리적 지침에 따라 생물 다양성을 활용해왔으며, 서식지를 보존하고 생물을 풍성하게 하는데 기여를 하고 있기 때문이에요. 그래서 가장 중요한 협약이라고 할 수 있는 '유엔 생물다양성협약'에서는 생물 다양성과 관련된 전통지식과 문화를 지켜나가기 위한 방안이 모색되고 있고, 사람들이 생물 다양성을 지속가능한 방식으로 이용하고 보존하는 것과 관련된 중요한 내용들이 포함되어 있답니다.

2장 현명한 소비자의 선택, 지역 먹을거리

이 모든 나라에 가 본 사람은 별로 없을 거야.

하지만 그곳에서 온 음식들을 모두 먹어 본 사람은 아주 많을 거야.

난 지구의 슈퍼마켓에 처음 가 보고 깜짝 놀랐어.
SALE
A마트

먼 나라에서 온 음식들이 얼마나 많은지!
가격은 또 얼마나 싼지!
수입산
ORGANIC ORGANIC

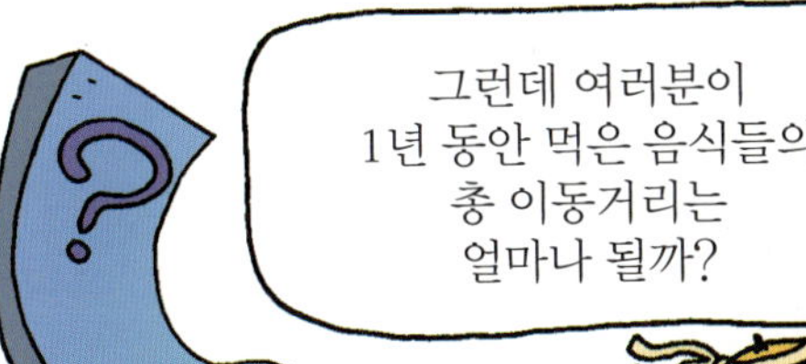

그런데 여러분이 1년 동안 먹은 음식들의 총 이동거리는 얼마나 될까?

미국 오렌지를 하나 먹을 때와 두 개 먹을 때의 총 이동거리는 어떻게 다를까?

이런 질문에 답을 하기 위해 고안된 개념이 푸드 마일리지(Food Mileage)야.
원산지로부터 소비지까지의 수송량(t)과 수송거리(㎞)를 곱한 값이지.
몇 Km ?
수송량 × 수송거리

국립환경과학원이 발표한 한국인 수입 식품 푸드 마일리지는 1인당 7,085t·km였어.
7,085t·km

이는 프랑스의 739t·km보다 10배나 높은 수치야.
7,085t·km
739t·km
꾸욱!

*2010년 기준

국내에서 생산된 음식들의 푸드 마일리지까지 합한다면 실제로는 더욱 길어지겠지.
이렇게 먼 거리를 이동한 음식들을 먹는 것의 장점은
냠냠~♪

다양한 음식을 맛볼 수 있고,

새로운 음식 문화도 접할 수 있다는 것이겠지.
우와!

하지만 문제점이 훨씬 많아.

우선 음식의 영양과 신선도가 낮아지지.
시들~시들~

장거리 여행을 하는 동안 음식들이 상하지 않도록 방부제나 식품 첨가물 등을 넣어 화학처리를 할 거야.
방부제
으앙~!

집하, 분류, 포장, 통관 등의 여러 단계를 거치면서
수입
여러 원산지의 음식들이 뒤섞여 버리고,
그럴수록 식품안전성은 반비례로 더 낮아지지.
과연 믿고 먹어도 될까?
또 이동거리가 길수록 이산화탄소 배출량이 증가해.
CO₂
배나 트럭, 비행기 등이 이동하면서 이산화탄소를 배출하기 때문이야.
콜록!
냉장이나 냉동, 포장을 위해서도 많은 에너지를 사용해야 하지.
꽁꽁
위잉
수입산
한국인의 수입 식품 푸드 마일리지가 프랑스인의 10배라는 것은,
한국인이 먹는 음식 중에서 수입 식품이 많다는 얘기야.
수입산

농산물 자급률이란 식량(곡물) 및 축산 육류에 대한 생산량 대비 소비량의 비율을 말하는데,

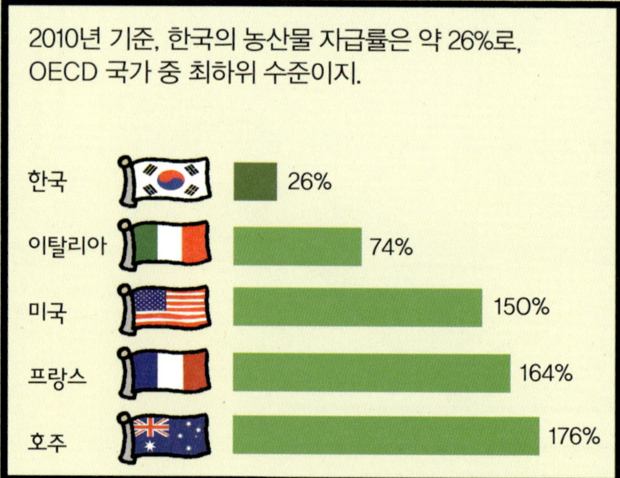

2010년 기준, 한국의 농산물 자급률은 약 26%로, OECD 국가 중 최하위 수준이지.
한국 26%
이탈리아 74%
미국 150%
프랑스 164%
호주 176%

여러분이 10끼를 먹을 때 7끼는 외국으로부터 온 음식이라는 거야.
수입산

생존에 가장 중요한 물질, 특히 식량 대부분을 다른 나라로부터 충당한다는 것은 매우 걱정스러운 사태야.

한국은 특정 국가 또는 몇몇 곡물 기업으로부터 수입하고 있는데,
먹을거리 좀 살게요~.

만약 이들 국가나 기업이 식량 가격을 올리거나
수출을 하지 않으면 어떻게 되겠어?
돈을 더 내!!
안 팔아!

또한 외국에서 농산물이 대량으로 값싸게 공급되면 한국의 농업은 더욱 축소될 테고,
헉! 저렇게 싸게 팔면 남는 게 없는데…!
수입산
수입산
파격할인

그럼 농산물 자급률은 더욱 낮아지는 악순환이 일어나지.
에휴~, 농사 지으면 뭐하나~.

먹을거리의 장거리 이동이 가능해진 건
으샤~읏샤~
산 넘고~ 물 건너♪
부웅
냉장 트럭 개발 같은 기술이나 식품가공과
저장 기술이 발달했기 때문이야.

급속 냉동식품 생산, 공기조작 저장법,
유전공학 등의 방법으로
슈욱

음식을 장기간 보관하고
이동시킬 수 있게 되었거든.
오~!
하나도 변하지
않고 왔네~!

또한 화석연료들의
가격이 하락하여
많은 트럭과 배, 기차와 비행기가
움직일 수 있게 되고,
가격
석유
석탄
덜컹~덜컹~
고속도로나
철도와 같은
인프라가 구축되고,
표준화된 컨테이너로
운송을 하는 등 유통체계가
정립된 영향도 있지.
뿌웅~

음식의 먼 거리 이동은 대규모 산업농과 밀접한데,
끝도 없이 펼쳐지는 오렌지밭, 옥수수밭, 커피농장 같은 대규모 단일경작은
살충제와 화학비료를 많이 사용하고,
많은 물로 관개를 하고,
거대한 기계를 사용하면서 토양의 침식을 가속시켜 생태계에 악영향을 미치지.
coffee
지난 세기까지 지구인들의 농사는 먹을 것을 생산하는 수단이었지만,
이제는 이윤을 남기는 것이 최우선인 사업이 되었더군.

소농이 몰락하고 대규모 농장만이 살아남는 추세이고,

아프리카 같은 곳은 자신들의
주곡인 쌀과 같은 곡물 대신

잘사는 나라 사람들의 기호를 충족시킬 설탕이나 커피, 초콜릿을 재배하지.
흐음~

또 농산물을 가공하여 유통시키는 식품회사들은 이윤을 극대화하기 위해
농부에게 정당한 대가를 지불하지 않고 있지.
자아~
예를 들어
100원짜리
빵을 산다면,
100원

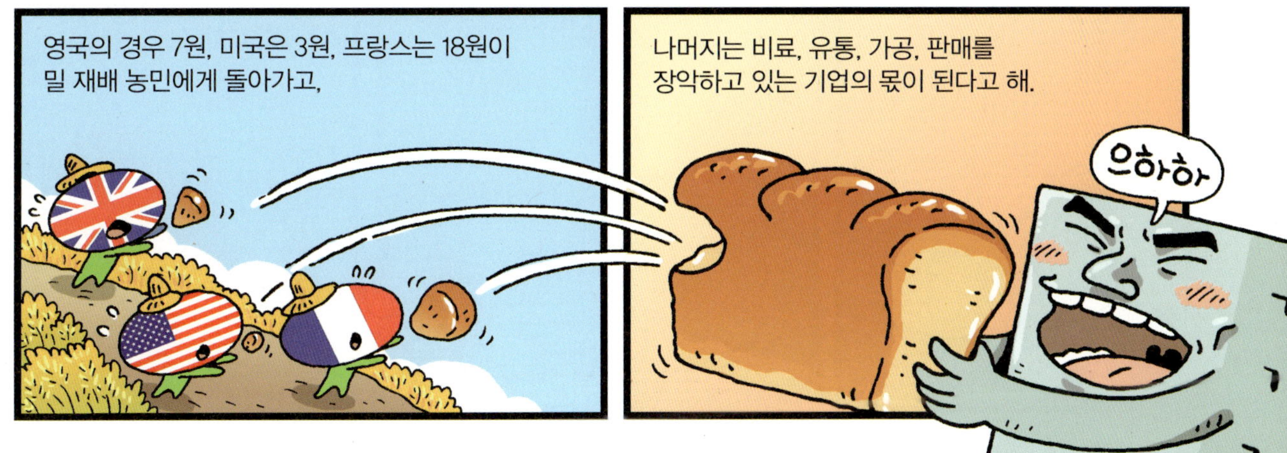

영국의 경우 7원, 미국은 3원, 프랑스는 18원이
밀 재배 농민에게 돌아가고,
나머지는 비료, 유통, 가공, 판매를
장악하고 있는 기업의 몫이 된다고 해.
으하하

또 석유를 비롯한 화석에너지도 중요한 역할을 해.
석유
석탄
그 에너지가 바로 음식의 먼 거리 이동과 대규모 산업농을 뒷받침하고 있기 때문이야.

비닐하우스 같은 시설 운영에는 석탄과 석유,
농약에는 석유,
화학비료에는 천연가스,
OIL
관개를 위해서는 가스, 석탄, 디젤이,
농기계를 위해서는 디젤과 가솔린이 사용돼.
OIL
이동을 위한 연료와 포장, 냉동에도 화석에너지가 사용되지.
창고

식품 첨가물의 원료도 석유이고,
OIL
냉장고와 전자레인지를 가동시키는 전기는 석탄 또는 원자력이고,
우웅
우웅
석탄
가스레인지는 LPG이지.
보글 보글
LPG

또 음식물 쓰레기도 이동을 해서
에너지를 사용하여 폐기한단다.

전 세계 온실가스 배출의 14%가 농업에서 비롯되는데,

여기에 농지 전용을 위해 산림 등이
파괴되면서 발생하는 온실가스,

먹을거리의 수송과

식품가공 산업,

가정에서의
요리에너지 사용량을
더하면 총량은 훨씬
커지겠지.

SALE

결국 지구의 도시인들은 현재 1칼로리의
음식에너지를 얻기 위해서
1 Cal

10칼로리의 화석에너지를 소모하고 있는 셈이야.
석유
LPG
10 Cal
석탄

이건 매우
심각한 문제야.

어떤 생명체가 자신의 생명 유지에 필요한 에너지를 얻기 위해
냠냠~

훨씬 더 많은 에너지를 소모해야 하는 체계는
꾸덕꾹!

당연히 지속가능하지 않기 때문이지.
으악!

결론적으로 말해서, 현대의 산업화된
농업체계를 뒷받침하는 핵심은
음식의 먼 거리 이동, 대규모 산업농, 화석에너지,
이 3자 동맹인 셈이야.
LPG
석유

안타깝게도 대규모 산업농이나 화석에너지에 관해

여러분들은 별다른 결정권이 없을 거야.
A A Mart

하지만 음식의 이동거리를 줄일 수는 있겠지.
짜악~

만약 많은 지구인들이 자신의 푸드 마일리지를 줄이기 위해 노력한다면

결국 3자 동맹에는 균열이 생기고, 다른 식량 체계를 모색할 수 있을 테니까.
이니까

지역 먹을거리를 먹는 일이 지금처럼 수고스럽지 않기 위해서는 좋은 기획과 개인과 기관의 노력이 필요해.

예를 들어, 농민직거래장터는 복잡한 유통 라인을 줄이고,

농민들에게 좀 더 많은 비용을 돌려줄 수 있지.
하하하
100000

'한살림'이라는 생활협동조합은 가까운 먹을거리 라벨을 표시해서 사람들에게 원산지를 알리고,
한살림
쌀
한살림
쌀
원산지생산 구례편

가까운 먹을거리를 선택함으로써 줄인 이산화탄소량을 알려줘.
고객님의 선택으로 이산화탄소가 이만큼이나 줄었습니다!
CO2

지역 먹을거리를 재료로 사용하는 음식점들이 생겨나고,
함흥물냉면
언양불고기

이들을 브랜드로 만들어서 홍보를 할 수도 있겠지.

지역 먹을거리로 학교 급식을 하기 위해 교사와 학부모, 학생이 함께 노력할 수도 있어.

농산물을 공급하는 지역의 농민과 연계하여 체험학습을 비롯한 여러 가지 먹을거리 프로그램을 기획할 수 있고 말이야.

실제로 최근 이런 학교들이 하나둘 늘어나고 있단다.

학교뿐만 아니라 병원, 관청, 군대와 같은 공공기관들은
지역 먹을거리의 소비를 크게 촉진할 수 있어.

또한 여러 나라의 대도시들에 '먹거리정책협의회'가 생겨났어.

이 협의회를 통해서 생활협동조합, 노동조합, 농민단체, 시의회 등 다양한 단체들이 함께 먹을거리에 관한 중요한 의사결정을 하지.

주부로서, 학생으로서, 기업의 사장으로서 또는 동네 주민으로서 말이야.

그래서 지역 먹을거리 중심의 체계를 만드는 것은

음식에 관한 지역 사람들의 결정권이 커지는 것이고,

먹을거리 민주주의를 구축해 나가는 과정이라고도 할 수 있어.

상호 소통과 합의, 공동의 노력을 실천해야 하기 때문이지.

또 지역 정치인들은

지역 먹을거리를 장려하는 제도를 입법화할 수 있고,
주민 여러분! 지역 농산물을 애용합시다!

중앙정부는 법과 제도를 구축하여
농민을 지원하고, 농업을 안정시킬 수 있겠지.
지역 먹거리 진흥법
와아~

결국 먹을거리의 물리적 이동거리를 단축시키려는 노력은 생산된 먹을거리가 거쳐야 하는 단계,
즉 사회적 거리를 좁히려는 다양한 노력과 매우 밀접한 것임을 알 수 있어.
뿌웅~

또 음식의 시간적 거리도 중요해.
째깍! 째깍!

겨울철 비닐하우스는
OIL

여름 채소보다 500배 이상의 에너지를 사용한다는 연구 결과도 있어.
OIL

안타깝게도 지구인들은 음식의 제철을 구분할 줄 모르고,
사계절 나는 거 아니었어?

한 계절의 음식들을 다음 계절까지 보관하여 즐기는 전통을 잊어가고 있지.

자연과 멀어진 도시인들이 시간적 푸드 마일리지를 줄이는 일은 쉽지 않아 보여.

그렇다면 원산지가 가까운 곳의 재료로 가공된 과자나 음료는 어떨까?
감자칩
가공식품은 가공되지 않는 농산물에 비해 아주 많은 단계를 거쳐.

공장에서 음식이 조리되고 포장되어 먼 거리를 이동해 판매대에 올라가지.

잠깐!

로커보어(Locavore)란?

local(지역)과 vore(라틴어로 '먹다')를 합성한 단어로, 자기가 사는 지역으로부터 가까운 거리에서 재배된 먹거리를 즐기는 '지역 먹거리주의자'를 말해.

그런 먹을거리들은 손만 뻗으면 쉽게 닿을 수 있을 만큼 널려 있고,

우리 몸이 그 맛에 익숙해졌기 때문이야.
엄마, 사줘요~!

그래서 각 지역 음식문화의 다양성을 지속시킬 수 있는 방법에 관해서는
좀 더 많이 고민하고 노력해야 돼.

이렇게 여러분은 지역 먹을거리를 선택하는 현명한 소비자가 됨으로써
지역 먹을거리

지역의 생태적·사회적 지속가능성에 기여할 수 있어.

그런데 여러분이 음식에 관한 좋은 소비자가 되면,
그것으로 충분한 걸까?

하지만 점점 많은 사람들이 주말이면 농장으로 달려가거나 도시 한쪽에 텃밭을 일구고 있지.

밴쿠버 먹을거리 정책협의회는
밴쿠버 올림픽이 열린
2010년까지
vancouver 2010

밴쿠버 시내에 2,010개의 텃밭을 만드는
'2010 공공텃밭 프로젝트'를 진행했지.

뉴욕의 몇몇 예술가가 시작했던
'그린 썸(Green Thumb)' 텃밭은

시의 지원을 이끌어내서 확산시킨 성공적인 도시농업으로
평가받고 있지.

한국의 여러 시민단체와 지자체에서도

도시농업 운동을 펼치고 있어.

스스로 건강한 먹을거리를 생산하면서 땅의 소중함과
농사짓고 먹는 즐거움을 경험하면,
우오아~

음식을 낭비하지 않고
현명하게 소비하게 될 거야.
다 먹을거예요~

직접 요리를 할 줄 아는 능력도 중요해.
직접 장을 보고, 재료를 고르고, 요리를 만들 수 있다는 것은
음식에 관한 선택권을 가질 수 있다는 것을 의미하니까.
난 지구인의 먹을거리에 관해 공부하면서,
지역 먹을거리란 생산지와 소비지 사이의 거리, 농산물이 나고 자라는 계절과의 거리, 농부와 사람들 사이의 거리, 예전의 지구인들이 닿아 있던 땅과의 거리를 회복시키는 음식이라는 점을 알게 되었어.
자, 이제 나의 이야기를 마무리하지.
맛있는 토마토 케첩 만드는 법을 배우기로 약속한 시간이 다 되었거든.
여여 와~

세계 음식 지도

　보통의 한국인 가족의 장바구니에는 어떤 수입 식품들이 들어 있을까요? 그 음식들은 어디서, 얼마나 먼 거리를 이동해 온 것일까요? 그 음식들의 원산지를 표시해서 음식 지도를 그리면 어떤 모습일까요? 우리가 먹는 음식들의 일부는 한국에서 재배하거나 포획하기 어려워 수입하는 것들이에요. 그러나 그중 상당수가 예전에는 국내에서도 생산을 했었지만 지금은 그렇지 않은 음식들이죠. 가격 경쟁이 되지 않아서 생산을 포기하거나 환경오염이나 기후변화 등의 원인으로 장바구니에도 변화가 일어난 거예요.

　100년 또는 200년 전의 음식 지도는 어땠을까요? 지금과는 사뭇 달랐을 거예요. 우선, 교환되는 음식의 양과 종류는 지금보다 훨씬 적었겠지요. 그리고 각 지역에서 재배하는 작물 자체가 지금과는 많이 달랐을 거예요. 특히 항해술이 발달하고 국가 간 무역이 본격화되던 16세기~18세기에 세계의 음식 지도가 크게 변화했어요. 원래의 재배지를 떠나 다른 지역에 정착하는 데 성공한 몇몇 작물들 때문이죠. 감자나 옥수수, 설탕이나 커피, 코코아와 같은 작물들이 바로 그런 예라고 할 수 있어요. 또한 원양어업 기술이 점차 발달하면서 더 많이, 더 멀리서 수산물을 포획할 수 있게 되었고, 그에 따라 바다의 음식 지도도 달라지게 되었답니다.

　한편, 재배 작물이 변화해서 그 지역의 지리환경이 달라지기도 해요. 대규모 목축 때문에 넓은 면적의 아마존 숲이 초지로 바뀌어 가고 있다는 것은 여러분도 잘 알고 있을 거예요. 목화를 재배하면서 많은 물을 사용해 아랄 해가 반 이상이 사라져 버렸고, 새우 양식 때문에 해안가의 맹그로브 서식지가 대규모로 파괴되고 있기도 하지요.

　요즘은 환경오염이나 기후변화로 인해 세계의 음식 지도가 빠르게 변하고 있어요. 한국의 경우, 열대작물을 재배할 수 있는 지역이 넓어지고, 예전에 쉽게

나타나지 않던 어류들이 등장하고 있
죠. 기후변화 때문에 바다의 사막화
라고 할 수 있는 '백화현상'이 일어나
수산물 생산에 영향을 미치고 있기도
해요. 전 세계적으로 이상기후로 인해
농작물의 피해가 잦아지고 있는데, 지
금과 같이 기후변화가 계속 진행되면
식량 생산량이 크게 줄어 인류에게 큰
위협이 될 거라고 해요.

아랄 해의 1989년과 2008년의 위성사진.
ⓒNASA

　농사는 인류와 자연의 대표적인 합작품이에요. 우리가 먹는 곡물과 채소는 수
많은 농부들이 재배하면서 보다 나은 품질로 개량시켜 왔죠. 농사의 영향으로
논이나 밭, 목축지와 해안가 같은 환경이 만들어졌고, 이런 환경의 변화는 인류
의 삶의 방식에도 영향을 준답니다. 결국 지금의 음식 지도는 오랫동안 사람과
자연이 상호작용한 역사 속에서 만들진 것이라고 할 수 있어요. 앞으로 세계의
음식 지도는 어떻게 바뀌게 될까요? 전 세계적으로 지역음식이 중요한 쟁점이
된 지금, 사람들의 노력과 활동이 앞으로의 음식 지도를 어떻게 변화시킬 수 있
을지 궁금하군요.

3장 에너지 자립의 첫걸음, 지역 에너지

그 석유라는 것으로 지구인들은
석유
산업 기계를 가동시키고,
유잉~
자동차를 움직이고,
부웅~
난방을 하고,
뜨끈~
뜨끈~
온갖 종류의
플라스틱 물건들도
만들고,
도로의 아스팔트도,
옷도,
물감도,
온갖 의약품과
식품 첨가물,
고무,
심지어 살충제까지
만들잖아?
칙칙

그런데 석유에는 놀라운 점이 있어.
석유

첫째, 그것의 양이 한정되어 있다는 것.

벌써 매장량의 절반 가까이를 썼단 말이야!
터~~영~

둘째, 일부 지역에서만 나온다는 사실.
와아! 석유가 나온다!

셋째, 요즘 지구인들의 최대 걱정거리인 이산화탄소 발생의 주범이라는 거야.

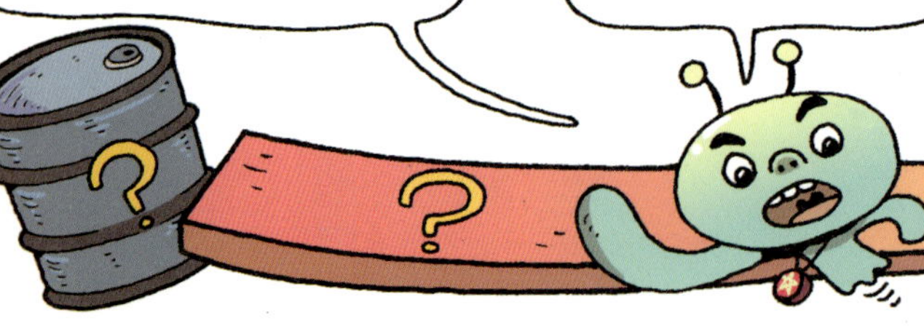

그런데 인간들은 화석에너지가 정확히 어떤 특성을 갖고 있는지,
어떻게 생산되고 이동되고 있는지,
누가 화석에너지의 사용에 관한 중요한 의사결정권을 갖고 있는지 잘 모르더군.

OIL
OIL

한국은 주로 화력발전소나 원자력발전소에서
전기를 생산하는데,

화력발전소의 주된 원료는
석탄이야.

인류는 석탄으로 산업혁명을 일으켰지만,
그 과정에서 많은 이산화탄소가
대기 중으로 배출되어 지구온난화의
주범이 되었어.
칙칙!
폭폭!

지구온난화로 인해 앞으로 100년 동안
지구 평균 기온은 어떻게 될까?

만약 일부 학자들의 의견처럼 지구 온도가 6도 이상
상승하게 되면 생물종 90% 이상이 멸종하게 된다고 해.

또 화석연료는
일회용이라는
문제점이 있어.
휙!

석유와 석탄 같은 화석에너지뿐만 아니라 원자력발전의 원료가 되는
우라늄도 한번 사용하면 다시 사용할 수 없고, 결국 고갈되지.

그런데 고갈 시기를 예측해서 대응방법을
찾는 것도 사실 쉽지 않아.
정확한
매장량을
모르겠어.
어떤 속도로
사용해야 할지도
모르겠는걸.

대략 석유는 향후 70년 안에, 석탄은 300년,
우라늄은 40년 안에 고갈될 가능성이 크다고 해.
화석에너지
크릉크릉

화석연료, 특히 석유나 천연가스 같은 에너지가
지구상에 불균등하게 분포되어 있다는 점도 큰 문제점이야.

이미 석유를 둘러싼 전쟁이
여러 차례 있었고,
콰쾅

각국의 에너지 쟁탈전은 갈수록 치열해지고 있지.
어흠흠!
OIL
석유를 보유하고 있다는 것 자체가 엄청난 권력이 된 거야.
OIL
예를 들어, 1970년대에 원유 생산국 연합인 '석유수출국기구(OPEC)'가 단합하여
아하하
OIL
OPEC
석유가격을 올리자
석유
석유
피용?
오일쇼크로 전 세계 경제가 몇 년 동안 마비되다시피 했었지.

화석에너지가 이동하는 과정에도 문제가 많아.
2007년 태안에서 발생한 삼성·허베이 스피리트 유조선 침몰 사건처럼
바다 생태계에 광범위한 영향을 미치는 사고의 위험성이 항상 있지.
송유관을 건설하여 석유나 천연가스를 운반하기도 하는데,
송유관을 건설하는 과정에서 생태계와 원주민들의 삶이 파괴된 사례도 많지.
으악
송전탑을 건설하면서 환경이 파괴되고,
전선으로 전기가 이동하는 과정에서 많은 양의 전력이 손실되고 있어서 비효율적이고 말이야.
빠직
빠지직

8개 분야의 재생에너지를 합해 총 11개 분야가 있어.

하지만 재생가능 에너지는 달라.
화석에너지나 원자력이 일회용 에너지라면,
일회용
태양이나 바람, 물과 같은 자연은 계속 순환하면서 재생할 수 있는 에너지를 만들어 내지.
이런 재생가능 에너지로 시스템을 바꾸는 것이 가장 근본적이고 확실한 대안일 수도 있어.
그럼 재생가능 에너지에 대해 알아보자.
일 년 동안 지구에 들어오는 태양에너지는
전 세계의 연간 에너지 사용량의 1만 5천 배나 돼.
이 태양에너지로 인류는
생존을 위한 가장 소중한 식량에너지를 생산해 왔지.
또옥
이제는 전기도 만들기 시작했는데, 그게 바로 태양전지야.

태양전지는 손목시계부터 지붕을 다 덮을 만한 것에 이르기까지 크기가 아주 다양해.
휴대하기 간편하다는 것도 큰 장점이지.
착!

태양전지를 지붕 위에 설치하면
착~

한 가정이 사용하는 전기에너지를 충분히 자급할 수 있어.
크아~따뜻해~
태양열 온수장치로 물을 데우고,
따뜻해진 액체를 집안에서 순환시켜 난방도 가능하지.

하지만 특정한 장치를 통해서만 태양에너지를 사용할 수 있는 것은 아니야.
집을 남향으로 짓고,
자연광이 충분히 들어올 수 있도록 설계를 하면,
난방이나 전등을 덜 켜게 되어 에너지를 절약할 수 있지.

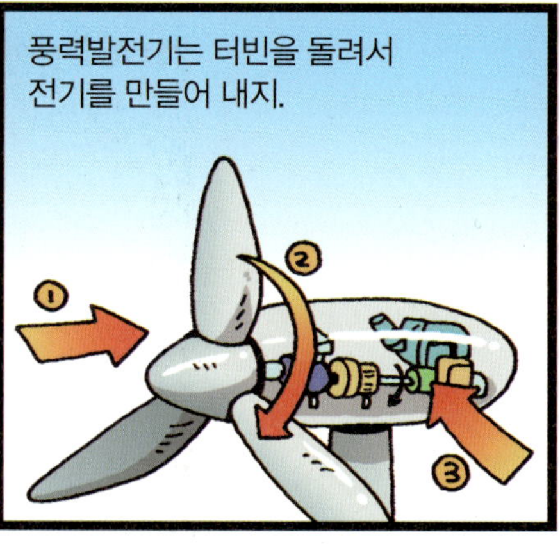

풍력발전기는 특히 외딴 섬이나 사막 같은 곳에서 유용하겠지.

물도 에너지를 만들어 내.
출렁~
턱
높은 곳에 있는 물이 가지고 있는 위치에너지가
아래로 떨어져 운동에너지로 변하면서 발전기의 터빈을 돌려 전기를 만들지.
이런 수력발전소를 짓기 위해서는 댐을 만들어야 해.
하지만 댐은 하천 생태계를 크게 변형시킨다는 문제점이 있어.
이처럼 하나의 기술을 적용할 때는
그 과정에서 생길 수 있는 일들을 여러 측면에서 고려해야 해.

지열시스템은 매우 효율적인 시설이기 때문에 현재 많은 건물들에 도입되고 있어.

바이오매스(Biomass)란 태양에너지를 받은 식물과 미생물의 광합성에 의해 생성되는 식물체와 균체,
그리고 이를 먹고 살아가는 동물체를 포함하는 생물 유기체를 말해.
바이오매스
바이오매스를 열분해하거나 미생물로 발효시키면
메테인, 에탄올, 수소와 같은 에너지를 얻을 수 있어.
H
이것으로 자동차를 운행할 수도 있고,
꿀꺽 꿀꺽
발전기를 돌려 전기를 생산할 수도 있지.
파지직
일부러 옥수수나 유채 같은 작물을 길러 바이오매스 에너지로 사용할 수도 있지만,
바이오매스
똥이나 음식물 쓰레기 같은 폐자원을 활용하면 더 좋겠지.
끄응~

재생가능 에너지는 온실가스를 배출하지 않거나 배출량이 매우 낮아서
기후변화에 대응할 수 있다는 게 장점이야.
더 훌륭한 것은 우리 동네에서 생산할 수 있는 지역 에너지라는 거야.
또 재생가능 에너지를 생산하는 기술이 대단히 복잡하거나 비싸지 않다는 것도 큰 장점이지.
원유를 채굴하거나 원자력발전소를 세우는 일은 거대기업이나 국가 차원의 일이지만,
소형 풍력발전소나 바이오가스플랜트, 태양열 조리기는 개인이 만들어서 사용할 수 있고,
지글~ 지글~
태양전지를 자신의 집 지붕에 설치할 수도 있으니 말이야.

에너지 자립은 마을에서만 할 수 있는 게 아니라 국가나 도시,
학교나 우리집에서도 시도할 수 있어.

우와~, 재생가능 에너지 최고~!!
이렇게 좋은 재생가능 에너지가 있으니까 이제 마음 놓고 에너지를 써도 되는 거지?
아니, 재생가능 에너지는 만능이 아니야.
우선 현재 재생가능 에너지의 생산력이 에너지 소비량을 충분히 감당하면서
툴툴툴…
화석연료를 대체할 수 있을지 확실히 알 수 없어.
정말 우리가 없어도 되겠어?
오일
재생가능 에너지의 생산은 날씨와 지형 같은 자연 상태에 영향을 많이 받아.
바람이 통 안 부네.
기후변화 문제는 지금 당장 해결해야 하는데, 재생가능 에너지 시설을 보급해서 화석연료를 대체할 시간도 충분하지 않지.
어휴~
그리고 화석연료처럼 효율성이 높지 않고, 이동이 자유롭지도 못해.
그래서 에너지 소비량 자체를 줄이려는 노력이 꼭 필요해.
톡
국가별 일인당 일차에너지 소비량
(TOE)
5
4.5
4
3.5
3
2.5
2
1.5
1
0.5
0
1992 1993 1994 1995 1996 1997 1998 1999 2000 2001 2002 2003
(년도)
독일
영국
일본
한국
재생가능 에너지를 생산할 뿐만 아니라, 에너지 효율을 높이고, 에너지 사용량을 줄이는 정책도 함께 수립해야 하지.
에너지 효율

전혀 다른 차원의 해결책인 원자력에너지도 있어.
원자력에너지는 이산화탄소 배출이 적으면서 대량의 에너지를 생산할 수 있지.
원자력
이것이 문제다!
그러나 원자력은 사회적으로 논쟁이 계속되고 있어.
문제는 원자력 발전소를 운영하는 과정과 핵폐기물의 위험성이야.
또 원자력의 원료인 우라늄은 몇십 년이면 고갈될 자원이지만,
핵폐기물은 몇만 년 동안 안전하게 격리되어 관리해야 하는데,
미래 세대에게 장기간 그토록 높은 위험부담을 물려 주는 게 옳은 일인지 생각해 봐야 해.
콰
아부부부~

재생가능 에너지를
어떻게 확산시킬 수 있을까?
재생가능 에너지

넓은 땅 위를 태양광발전소로 덮고,

강과 바다를 막아서 대형 댐과 조력발전소를 건설할까?

이렇게 대규모로 발전을 하면
솨아아아

단기간에 화석에너지를 대체하여 기후변화
완화에 도움이 되겠지.
아~,
시원해지고
있어!

작고, 분산적이고, 개인과 지역 공동체가 스스로 계획하고 책임질 수 있는
에너지 시스템으로 변화시키려는 노력 말이야.

빗물을 모으는 사람들

　빗물을 모으는 사람들이 있어요. 이 사람들은 어떻게 하면 빗물을 저장하고 활용할 수 있는지 궁리하죠. 집에 빗물 탱크를 설치해서 화분에 물을 주거나 청소용으로 활용하는 것 정도는 누구나 쉽게 할 수 있는 일이에요. 하지만 빗물 연구가들은 좀 더 대단하고 재미있는 빗물 활용법을 고안한답니다. '빗물을 어떻게 모을까? 어디에 저장할까? 어떻게 활용할까?' 이것이 빗물 연구의 핵심 질문이라고 할 수 있을 거예요.

　실생활에서 빗물을 활용하는 방법은 매우 다양해요. 빗물을 화장실 등에 사용하는 월드컵 경기장과 공항, 옥상 텃밭과 베란다 입체화단에 태양열 펌프로 빗물을 공급하는 아파트, 땅으로 빗물이 스며들게 하는 옴폭 패인 모양의 레인가든 등 여러 방면으로 활용하고 있죠. 심지어 빗물을 활용하는 예술가도 있어요. 옥상 탱크에 빗물을 저장해 두었다가 태양광기계로 물을 건물 아래로 뿜어서 무지개를 만드는 예술이죠. 참 멋지겠죠?

체코 쿠트나호라의 유적지에 있는 오래된 빗물 배수관. ©Lysippos

　혹시 빗물이 더럽지는 않을까요? 특히 도시에서 빗물을 모아서 쓰는 걸 꺼림칙하게 여기는 사람도 있을 거예요. 실제로 비는 대기 중 먼지나 오염물질을 씻어 내는 역할을 하기 때문에 비가 내리기 시작한 후 초반 1mm정도는 쓰지 않는 게 좀 더 안전하답니다. 이것 역시 초기 빗물을 제거해 주는 초기우수처리장치나 오염물질을 걸러 내는 장치 개발을 통해 얼마든지 안전하게 사용할 수도 있고요. 요즘 한국에서도 빗물 활용시설 특허가 급증하고 있다고 하니까 조만간 일상생활에서의 빗물의 맹활약을 기대해

볼 만하겠죠?

한편, 오늘날 전 세계적으로 환경 오염과 기후변화로 인해 점점 더 강하고 잦은 홍수와 가뭄에 대한 우려가 커지고 있어요. 그래서 커다란 댐이나 보를 건설해서 홍수와 가뭄 등 물과 관련된 환경문제를 해결하려고 하죠. 그러나 자연적으로 흐르는 강에 이러한 구조물을 건설함으로써 강 주변을 터전으로 살고 있는 많은

자연적으로 빗물이 흐르도록 만든 배수 시설.

사람들이 삶의 기반을 잃고, 인근의 생태계가 교란되는 등 여러 가지 문제가 발생하기 때문에 전 세계적으로 댐 건설에 반대하는 개인이나 단체가 많답니다.

사실 물과 관련된 환경적, 사회적 문제들의 상당 부분은 도시화에 책임이 있다고 할 수 있어요. 숲이나 농지 같은 녹지가 사라지고, 아스팔트나 콘크리트 땅이 점점 많아지면서 지표면으로 물이 스며들지 못하기 때문에 비가 많이 오면 한꺼번에 물이 넘쳐 홍수가 나고, 지하수는 점차 줄어들거든요.

그러므로 빗물의 활용과 이를 위한 기술은 기후변화로 인한 피해를 줄이는 데 매우 유용해요. 따라서 도시에서도 녹지를 많이 조성하고, 물이 자연스럽게 순환하고 재생될 수 있도록 다양한 기술을 개발, 연구하려는 노력이 필요하답니다.

4장 환경을 생각하는 그린 디자인

논이나 밭, 심지어 애완용 강아지도 디자인되어 있어.
애완용으로 적합하도록 품종을 인위적으로 개량해 왔으니까.
디자인은 구체적으로 무엇을 뜻할까?
디자인의 사전적 정의는 '주어진 목적을 조형적으로 실체화하는 것'이야.
디자인
디자인의 어원인 '데시그나레(designare)'는 '지시하다, 표현하다, 성취하다'라는 뜻을 갖고 있지.
어떤 목적을 달성하기 위한 창조 활동인데,
음…
그 결과로 보고 만질 수 있는 실체화된 무엇인가가 만들어지지.
인간들이 도끼를 만든 이후로부터 디자인의 역사가 시작된 셈이야.
우어! 우어!

알라스테어 퓨드 루크 : 플리머스 예술대학 교수이자 지속가능한 디자인 기획자.

산업 디자인은 대량 생산된 물건을 더 빨리 소비하게 하려는 기업의 의도와 밀접해.

지구환경 문제가 점점 심각해지면서
몇몇 사람들은 디자인의 역할에 대해서 다시 생각하고 새로운 상상을 하게 됐어.
건초와 송진으로 만든 의자,
플라스틱 병으로 만든 조명,
재활용 구조물과 살아 있는 나무를 접목시켜 만든 집,

손으로 충전하는 라디오,
끼릭 끼릭

낮에 빛을 흡수했다가 밤이 되면 은은한 빛을 내는 벽지 등…….

바로 그린 디자인 말이야.
Green Design
자, 이제부터 지구에 도움이 되는 그린 디자인을 구체적으로 소개해 볼게.

통나무를 그대로 활용하여 만든 의자,

플라스틱 대신 나무로 만든 컴퓨터와 마우스 같은 것들이야.

자연이 연상되거나 원초적인 문양과 색상을 사용하는 것도

넓게 보면 그린 디자인이라고 할 수 있지.

사람들에게 최대한 자연을 접할 수 있게 하고, 자연에 더 많은 관심을 갖게 하면서,

우리 생활 속에 '자연을 불러들이는' 디자인들이지.

특히 생산단계에서 환경을 생각하는 디자인도 있어.
버려진 종이를 재활용한 명함이나,
재사용이 가능한 포장 박스,
초소형 컴퓨터,
오호!
허허
재활용하거나 최대한 적은 재료를 사용하여 만든 물건들이지.
단순한 구조의 가구 등.
흠음~
또 생산하는 데 필요한 모든 에너지를 태양광이나 풍력이 만든 전기로 충당하는 제품들도 환경을 생각한 디자인이라고 할 수 있지.
사람들이 물건을 친환경적으로 사용할 수 있게 하는 디자인도 있어.
고효율 전등
대기전력 절감 모니터
물 절약 샤워기
이런 것들이 자원을 절감할 수 있는 물건들이야.
빗물 활용 펌프
물을 사용하지 않는 소변기

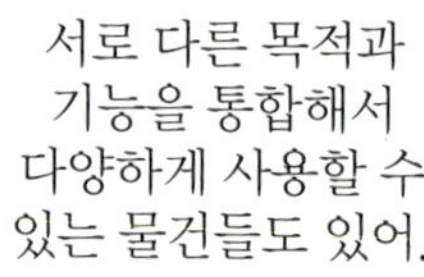

어떤 어린이용 음료수병(Y Water)은 마시고 난 뒤에 블록 장난감으로 가지고 놀 수 있지.

얇은 비닐봉지가 분해되는 데 몇십 년이 걸리고, 깡통이나 플라스틱, 스티로폼은 몇백 년씩 걸리기 때문에 분해가 잘 되도록 만든 물건은 환경을 보호하는 데 큰 도움이 되지.

편리하게 리필할 수 있는 화장품이나 세제도 매번 용기를 새로 구입할 필요가 없으니까 낭비를 줄이는 좋은 디자인이라고 할 수 있지.

또 다 사용한 물건을 다른 물건의 재료로 재사용할 수도 있어.

오늘날 디자인이 세계를 변화시킬 수 있다는 희망을 가진 사람들이 점점 늘어나 많은 연구가 진행되었어.

그러면서 그린 디자인에 관한 다양한 의견을 제시하고,

새로운 실험을 했지.

지속가능 디자인

지속가능한 개발이란 '미래 세대가 그들의 필요를 충족시킬 수 있는 가능성을 손상시키지 않는 범위에서 현재 세대의 필요를 충족시키는 개발'을 말해.

이 개념이 등장하기 전까지 사람들은 마치 산업 사회의 경제가 무한대로 성장할 수 있는 것처럼 물건을 만들고 소비를 했었지.

하지만 그런 식으로는 인류 문명이 더 이상 지속가능할 수 없다는 것을 깨닫게 되면서

그린 디자인이 현재 발생한 환경문제를 해결하는 데 좀 더 초점을 맞춰서 고민하는 것이라면,
쓰레기를 줄일 수 있는 방법이 없을까?
지속가능 디자인은 보다 혁신적인 변화를 목표로 삼고 사회적, 경제적 문제 해결까지 고민하지.
환경
사회
경제
그린 디자인이 자원을 효율적으로 사용하고 오염물질을 줄이는 과정을 통해서
뚝딱뚝딱
경제성과 환경보호, 이 두 가지 목적을 달성하고자 했다면,
경제성
환경보호
지속가능 디자인은 사회적 평등도 중요하게 생각하지.
환경·경제·사회의 균형을 고려하는 한편
지속가능 디자인
경제
생태
사회
이익
사람
지구
지속가능 디자인
이익, 사람, 지구라는 3대 기본축의 균형을 맞춰서 지속가능성의 개념과 방법을 사람들에게 알리는 디자인이라고 할 수 있어.

구체적인 예를 들어 설명해 줄게.
'라벨 뒤의 노동'이라는 단체는 패션 산업에서의 노동 착취 문제를 제기하지.
의복은 대표적인 노동집약적인 산업이야.
Labour Behind the Label

생산과정에서 많은 사람들의 수작업이 필요하기 때문에
드르르 드르르

기업들은 노동력이 싼 가난한 나라에 공장을 세우고,
싸게 만들자!

심지어 어린이들의 노동력까지 이용하는 거야.

아무리 몸에 좋은 유기농 면으로 만들었다 하더라도

어린이들의 노동을 착취한 옷을 그린 디자인이라고 말할 수는 없겠지?
툭
그린디자인

노동을 착취하지 않고,
슥

노동 환경을 개선하는 것에서 한 걸음 더 나아가
우와

제조 노동자를 참여시키는 디자인도 있어.
디자인

디자이너가 계획자라면
제조 노동자는 디자인을 실제 물건으로 만드는 사람들인데,
탁 탁
이들은 주어진 일만 해야 되는 경우가 대부분이야.
그런데 중국의 한 그릇 공장은 '커넥팅 라인'이라는 공장 노동자 공동 프로젝트를 진행해서 도자기 디자인에 제조 노동자를 참여시켰어.
공장노동자 공동프로젝트 커넥팅라인
제품이 만들어지는 공정이 좀 더 인간적인 관계 속에서 이루어지도록 하면서,
집단적인 지성이 발휘될 수 있도록 한 거야.

한편, 공동체의 회복과 사람의 성장을 꾀하는 디자인도 있어.
몇 년 전 미국에서 일어난 허리케인 카트리나는 많은 사람들의 집을 파괴하고 일자리를 잃게 했지.
이러한 위기를 기회로 만든 '카트리나 가구 프로젝트'가 있어.
지역의 디자인 대학과 단체가 주민과 협력하여 꾸리는 프로젝트로,
카트리나 가구프로젝트
뚝딱 뚝딱
주민들에게 가구공예를 가르치고,
무너진 집을 다시 지을 수 있도록 돕기도 하고,
오, 멋져요!
허리케인으로 파괴된 가구들을 조립하여 새로운 가구로 만들어
다른 지역에 판매하여 소득을 올릴 수 있도록 하는 거야.

'소외된 90%를 위한 디자인'은 디자인의 지속가능성을 고민하고 있어.
DESIGN FOR THE OTHER 90%

전 세계적으로 돈을 지불하고 상품을 풍족하게 구매할 수 있는 능력을 지닌 사람들은 10%밖에 되지 않는데,
난 뭐든지 살 수 있지!
10%

대부분의 물건들이 바로 이 10%만을 위해서 디자인되고 있다는 사실을 반성하면서 시작된 프로젝트들이지.
보다 사치스럽고 편리한 물건, 여유 있는 사람들의 욕구를 채우면서 계속 새로운 물건을 원하게 하는 디자인에 대한 반성이지.

기본적인 의식주를 해결하는 데 어려움을 겪는 수많은 빈곤한 사람들,
아야 아야
극도로 비위생적인 문제로 목숨이 위태로운 사람들,

책을 읽거나 영화를 보는 간단한 문화생활조차 하지 못하는 사람들을 위한 디자인이 시작된 거야.

대나무 페달 펌프는 가난한 농부들도 건기에 지하수를 사용할 수 있도록 해 주지.
물론 이 펌프는 지역에서 나는 재료로, 지역 사람이 손수 대장간에서 만들 수 있어.
콸콸
'라이프 스트로'라는 개인 휴대용 정수기도 있지.
LifeStraw
전 세계적으로 빈곤층의 절반 정도가 더러운 물 때문에 고통을 받고 있는데,
이 빨대로 깨끗하지 않은 냇물이나 강물을 직접 빨아먹을 수 있단다.
히히
쪽쪽~
소량의 흙과 시멘트를 섞어 만든 건축 블록은
저렴하고 효율적으로 집과 학교를 지을 수 있게 했지.

말라리아 모기와 함께 사는 아프리카와
아시아의 사람들이 사용할 수 있는
살충 처리된 모기장도 있어.

'어린이 한 명당 노트북 컴퓨터 한 대씩'이란
프로젝트는 개발도상국의 어린이들에게
어린이용 노트북을 보급하지.

야외에 쉽게 설치할 수 있는 저렴한 그늘막은
지역 주민들이 함께 이야기 나누고 식사를
할 수 있도록 해 주지.

이러한 그린 디자인, 또는
지속가능 디자인은 이 세계의
사람과 지구환경의 웰빙에
기여를 할 뿐만 아니라,

여름이면 뜨거워지는 콘크리트 집과

처마에 나뭇잎들이 무성한 집에 살면서 겪는
경험은 많이 다르겠지?

음악을 듣기 위해 리모컨을
누르기만 하면 되는 것과 한동안
손잡이를 돌려서 충전을 해야 되는
상황 역시 아주 다른 경험이지.
쿵짝♪ 쿵짝♪
꾹!

물론 리모컨으로 작동시키는 제품은 편리하다는 장점이 있어.
하지만 편리함은 물건이 지닌 하나의 속성에 불과한데, 그것을
지나치게 추구하면서 많은 것을 놓치게 되는 것 같아.
돌돌돌~
으아~,
빨리
들어 보고
싶은데~.
손잡이를 돌리는 것이
귀찮고 피곤할 수도 있지만,

어떤 면에서는 그 불편함이 오히려
즐거움과 재미를 줄 수 있거든.
누가누가
빨리 돌리나
시합이다!
이야얍!
붕붕~
휘휙~

탁구대로
변신할 수 있는 벽은
어때?
일반적으로 벽이란
경계를 만들어
왕래를 어렵게 하는
기능을 하는 것이었지.
탁탁
탁구대요?

그런데 이것이 어느 순간 탁구대가 되어 이웃끼리 친밀한 한때를 보낼 수 있게 된다면?
하하하~
핑
퐁
그 순간에는 이웃과 좋은 관계를 맺게 해 주는 소통의 도구가 되는 거야.
이렇게 그린 디자인은 사람들이 습관적으로 맺어온 사물과의 관계를
그릇들이네!
다른 각도에서 바라보고 새로운 제안을 해.
자아~, 이렇게 멋진 촛대로 변했지!
인공적인 환경에서 살고 있지만 사실 우리의 삶은 자연에 기반을 두고 있다는 것을 계속 떠올릴 수 있도록 하는 디자인,
그린 디자인
휙
재활용 디자인
!
물건을 편리하게 빨리 쓰고 버리는 동안 지나쳐 버린 소소한 경험을
다시 안내하는 디자인을 더 많이 만날 수 있다면 좋겠지?

정보를 디자인하다

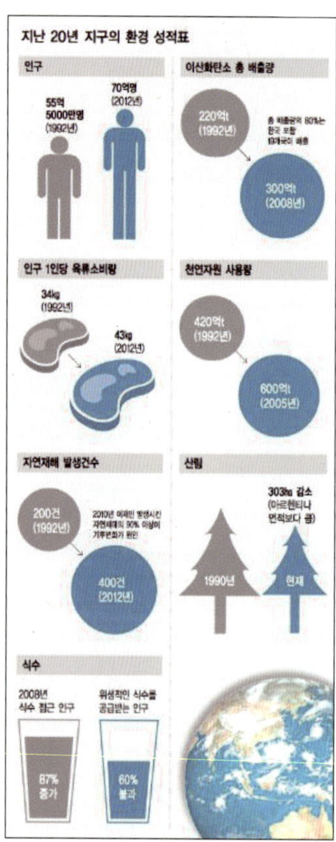

1992년 브라질의 리우에서 각 나라의 대표가 중심이 된 '유엔환경개발회의'가 개최되었어요. 이때 '의제 21', '기후변화협약', '생물다양성 협약' 등 역사적으로 매우 중요한 환경 관련 협약들이 체결되었죠. 그로부터 20년이 지난 지금, 지구의 환경문제는 어떻게 되었을까요? 그것을 간단하게 정리한 그림 한 장이 여기 있어요. 이 그림을 보면 전 지구적 환경문제와 관련된 주요 이슈를 한눈에 파악할 수 있을 거예요. 이렇게 정보를 정리하여 보기 쉽게 디자인한 것을 '인포그래픽(Infographics)' 또는 '인포메이션 그래픽(Information graphics)'이라고 해요.

현대 사회는 매우 복잡하고 매일 방대한 정보가 쏟아져 나오고 있어요. 이러한 정보의 홍수 속에서 유용한 방식으로 정보들을 조합하여 의미를 만들어 낼 수 있는 능력은 매우 중요하죠. 인포그래픽은 정보를 다듬어 가치를 만들어 내는 작업이라고 할 수 있어요. 정보를 구체적이고 실용적으로 전달한다는 점에서 일반적인 그림이나 사진 등과는 구별되죠. 복잡한 정보를 빠르고 명확하게 설명해야 하는 기호, 지도, 기술 문서 등에서 널리 사용되고 있답니다. 인포그래픽이 표현되는 주된 방식으로 차트, 지도, 다이어그램, 흐름도, 로고, 일러스트레이션 등을 들 수 있어요.

한눈에 들어올 수 있도록 통계를 그림으로 단순화시키는 것이 인포그래픽의 기본적인 작업이에요. 그리고 그 정보를 강조할 수 있도록 구성하죠. 위의 그림

의 경우에는 과거와 현재의 '대비'를
통해서 특정 정보를 강조하고 있어
요. 어떤 농수산물이나 물건이 우리에
게 오기까지의 '과정'을 표현하는 인포
그래픽은 정보의 흐름을 잘 정리해서
보여주고 있죠. 다시 말해 좋은 인포그
래픽은 아름다울 뿐만 아니라 정보를

온실효과를 단순화하여 그림으로 알려주는 인포그래픽.
ⓒZooFari

전달하는 논리가 있고, 짜임새 있는 구성을 갖고 있는 것이지요.

　다음의 인포그래픽은 농산물이나 공산품이 생산되기까지 사용되는 물의 사용
량을 표현하고 있어요. 이를 통해 보이지 않게 매일매일 엄청난 물을 사용하고
있다는 것을 깨달을 수 있죠. 어떻게 하는 것이 물을 아끼는 방법인지에 대해서
도 고민해 볼 수 있어요. 그래서 인포그래픽은 단순히 정보를 전달하는 기능만
을 갖고 있는 것이 아니라 특정한 메시지를 표현하는 작업이기도 하답니다.

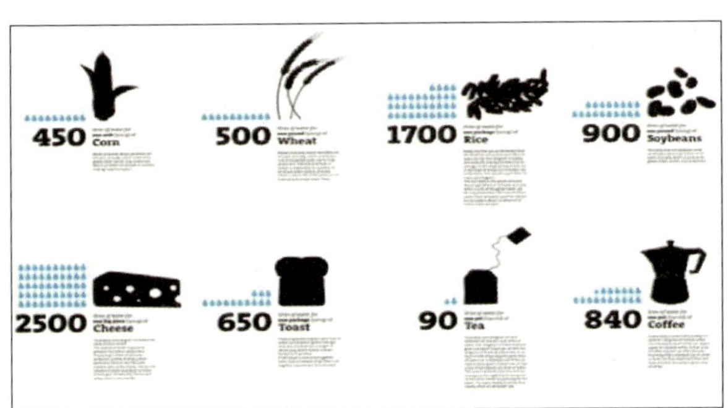

5장 공정무역을 통한 윤리적 소비자 운동

요즘 한국의 도심 곳곳에는 커피전문점이 들어서고 있어.

초콜릿의 원료가 되는 코코아나 바나나, 커피, 설탕 등은 많은 사람들이 좋아하는 기호식품이지만
이런 것들은 한국에서 생산되지 않아서 수입을 하고 있지.
뿌웅~

그런데 말이야, 내가 사 먹은 초콜릿이

아동 노동을 착취한 코코아 농장으로부터 온 것이라면 어떻게 해야 할까?

내가 사 먹은 커피 가격의 6%만이 농민에게 돌아간다면?
Coffee
₩
100
100

내가 먹는 바나나가 엄청난 농약을 사용하여 농민들과 주변 생태계의 건강을 심각하게 위협하면서 생산된 것이라면?
나아아아
그래도 초콜릿이 여전히 달콤하기만 할까?
바나나를 마냥 좋아할 수 있을까?

소위 선진국이라는
나라들이
쩐

제 3세계라고 불리는, 상대적으로
가난한 나라로부터 수입하고 있는
대부분의 기호식품과

값싼 수공예품, 노동집약적으로
생산된 많은 물건들이 이런
문제점들을 갖고 있어.

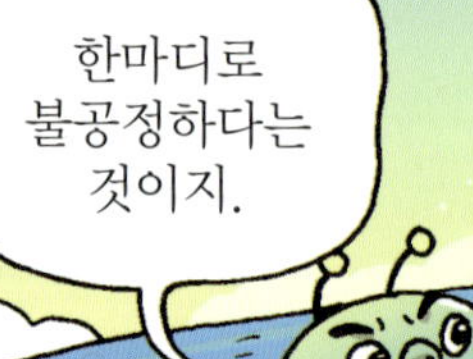

한마디로
불공정하다는
것이지.

그렇다고 무역이
나쁘다는 말은 아니야.

우리나라만 하더라도
지난 30여 년간 무역을 통해
OIL

눈부신 경제성장을 이룩했고,

사람들의 생활이 이전과는 비교도 되지 않을 만큼 풍요로워졌어.
어어허
세상이
좋아졌구나~.

실제로 무역은
가난한 나라들이
빈곤을 극복할 수
있는 중요한 방법 중
하나지.
짱

그러나 먼저 산업화를 이룬 부유한 나라와
룰루♪

그렇지 못한 나라 사이에 불공정한 무역이 이루어지고 있는 게 현실이야.

우선 출발부터가 달라.
헛!
히히

일찍 산업화를 이룬 선진국들은
칙칙! 폭폭!
산업화

이미 자국 산업을 보호하고 강력한 자국 시장을 형성한 상황이야.
철컹 철컹

이는 글로벌 경쟁에서 버틸 수 있을 만큼 강해진 후에
으쓱 으쓱

자국 시장을 개방했다는 얘기야.
자아~, 이제 무역합시다.

반면, 근대에 열강의 식민지가 되었던 아프리카나 남아메리카,
아프리카
산업화는 무슨…. 당장 마실 물도 없는데….

아시아의 많은 나라들은 자국의 산업과 시장을 형성할 여유가 없었지.
아시아
우리도 마찬가지야~.
꼬르륵

이런 상황에서 부유한 나라들과 같은 규칙으로 경쟁한다면 공정하지 않겠지?
같은 규칙
같은 규칙
사뿐
덜덜
꼬르륵!

예를 들어, 면화가 국가 수출의 80%를 차지하는 서아프리카 베냉의 1인당 GNP는 연 380달러밖에 되지 않아.

그런데 미국의 면화농장은 정부로부터 매일 400달러 정도를 지원받고 있지.
100

이렇게 많은 지원금을 받고 면화를 생산해서

싼값에 국제시장에서 판매하면 면화 값은 전체적으로 하락하지.
싸요~ 싸!
미국산 면화
가격 할인

결국 베냉의 농민들에게는 그만큼 적은 수익이 돌아가는 거야.
저렇게 싸게 팔다니….

코코아나 커피처럼 특정 나라에서만 생산되어 경쟁할 필요가 없는 농작물들은 사정이 좀 다를까?

좀 더 좋은 가격을 받을 수 있을까?
가격

하지만 현실은 그렇지 않아.
IMF와 세계은행은 빈국에 돈을 빌려 주는 대신 구조조정을 요구했지.
자아~, 돈을 빌리려면 우리가 시키는 대로 해야 합니다.
무역을 통해서 돈을 벌어들일 수 있는 수출 작물로 변경해야 합니다.
당신네 나라 사람들의 주식이 되는 농업 대신
IMF
$
그렇게 해서 더 많은 나라들이 코코아와 커피, 바나나와 같은 수출용 작물을 짓게 되어

세계적으로 공급량이 늘어났고,
수~북~

결국 2000년대 초 이러한 환금작물들의 가격이 폭락했어.
원래 가격보다 50%~86%로 떨어졌어!!

하지만 다른 대안을 찾거나 새로운 농작물로 변경하는 것도 쉽지 않지.
하아
어휴~
그러려면 국제시장의 현황을 분석하고 미래를 예측해서 대처할 만한 정보를 갖고 판단해야 해.

하지만 통신수단 자체에 접근하기 어려운 빈국의 농민들에게는 매우 어려운 일이지.
인터넷이 뭐여~?

정보를 얻는다고 하더라도 투자를 할 수 있는 자금도 없고 말이야.
하루 일해서 하루 먹고 사는데 무슨 돈이 있어?
정보

무엇보다 농민들에게 불리한 점은 생산된 농작물과 소비자 사이에 여러 단계를 거쳐야 한다는 거야.

우선 농민이 커피를 생산하면 개인 중개업자에게 팔지.

그 업자가 매기는 가격이 낮더라도 별다른 대안이 없는 농민은 어쩔 수 없이 싼 가격에 커피콩을 넘겨 줄 수밖에 없어.

커피는 가공공장으로 이동해서 도정되고,

다음으로 지역 수출업자에게 넘겨지지.

그런 다음 국제거래업자는 로스팅 업체에게 커피를 넘기고,

마지막으로 슈퍼마켓이나 커피전문점에서 소비자에게 판매되지.

음~, 맛있어!

Coffee

이런 식으로 커피콩은 생산자에서 소비자에 이르기까지 150번 정도의 공정을 거치게 되는데,

이 과정에서 가장 영향력을 발휘하는 건 다국적 거래업자와 로스팅 업체야.

4개의 무역회사가 전체 커피 양의 40%를 거래하고 있고,

4개의 로스팅 업체가 45%를 차지하고 있지.

코코아나 바나나 같은 다른 작물도 사정이 비슷해. 그럼 수공예품이나 공산품들은 어떨까?

마찬가지로 노동자들은 적절한 임금을 받지 못할뿐더러 열악한 노동 환경과 인권침해까지 당하는 경우가 많지.

전 세계적으로 나이키 제품을 만드는 사람은 50만 명이 넘지만

이 회사가 직접 고용한 사람은 2만 명밖에 되지 않아.

다국적 기업들은 자신들이 소유하거나 경영하지 않는 공장들과 하청 계약을 맺고,
이만큼 만들어 내시오!
네!
직접 경영하지 않는다는 이유로 하청 공장에서 일어나는 부당한 일들에 대한 책임을 회피하고 있지.
쉬지 말고 빨리빨리 일해!
아이고~

환경적 측면에서도 현대 무역은 공정하다고 보기 어려워.

바나나와 커피나무를 심기 위해 숲을 밀어내고 엄청난 농약을 사용하고 있거든.
치익~치익~

많은 농민들은 그런 농법이 어떻게 자신들의 터전을 파괴하는지 몰랐고,
퍽 퍽

상황을 변화시키에는 너무나 가난하지.

바나나 한 송이의 가격에는
수입산 000원
생산자의 생태계가 파괴되고 오염된 것에 대한 대가,
먼 거리 운송을 하면서 발생한 이산화탄소로 인한 기후변화의 대가가 포함되어 있지 않아.
농약 때문에 건강이 악화된 농민의 약값 역시 포함되어 있지 않지.
또 일반 소비자들은 값싼 가격에 포함된 부당함에 대해서는 잘 모르고 있어.
싸고 맛만 좋네~.
그런데 어떻게 하면 이런 불공정한 무역을 변화시킬 수 있는 거야?
소비자인 우리가 할 수 있는 일은 뭘까?
음...
제일 쉬운 방법은 공정무역 상품을 구매하는 거야.

공정무역?

공정무역이란, 제 3세계 생산자들이 만든 물건을 정당한 값에 구매해 자립을 돕는 대안적 무역 형태이자 윤리적 소비자 운동이야.
공정무역

공정무역 상품에는 생산원가를 보장하는
최저가격이 정해져 있고,

생산자들은 물건을 납품하기 전에 미리 선금을
받기 때문에,

국제시장에서 작물 가격이 폭락해도 공정무역 생산자는 보호받을 수 있어.

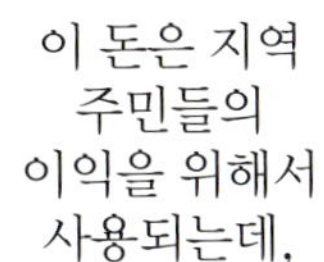

공정무역 프리미엄

이 돈은 지역 주민들의 이익을 위해서 사용되는데,
그 용도는 지역 주민들이 결정해.
의료 시설을 확충하거나,
학교를 세우고,
주거시설을 개선하기도 하지.
그러면서 지역사회는 개선되고, 생산자들의 역량도 점차 강화될 수 있지.

코스타리카의 한 공정무역 프리미엄은 중·고등학교를 설립하고,

약 1,700여 명의 학생들에게 장학금을 지급하고,
장학금

여성들의 자립을 위한 교육을 확대하고,

자연재해로 파괴된 도로와 다리를 보수하는 데 쓰였어.

지역 환경에도 긍정적인 변화를 만들어 냈지.
새로운 용수처리 시스템을 도입해

물 사용을 10분의 1로 줄이고,
유기농 농장으로 변화를 시작했고,
나무를 심어 숲을 만들었지.

결과적으로 이 공정무역 프리미엄은 생산자들의 불평등한 상황을 개선하는 데에 쓰이는 돈이라고 할 수 있어.
이얍!
공정무역 프리미엄
톡톡
어라!
공정무역과 유기농을 결합함으로써 경쟁력을 강화하는 한편, 환경보호를 꾀하기도 해.
공정무역
유기농
지역 환경을 보호하기 위해 나무를 심어 생태완충지역을 만들어 왔지.
또 공정무역 단체들은 농가에 퇴비법을 알려 주지.
쓰레기 처리 등에도 신경을 쓰고 있고 말이야.
공정무역 커피의 경우, 현재 85%가 유기농으로 재배되고 있다고 해.
또한 공정무역은 작은 농가들이 서로 협력해서 다양한 형태의 조합을 구성할 수 있도록 장려하고 있어.

한편 제 3세계가 소수의 작물 무역에 의존하는 위험성을 낮추기 위한 노력도 있어.

예를 들어 히말라야 기슭에 있는
마카이바리 차 농원의 공동조직위원회는
친환경 관광벤처에 투자해서

매년 5만 명의 관광객이 이 지역의 친환경 숙박시설을
이용하는 성과를 냈지.

그렇다면 공정무역은
어떻게
시작되었을까?
1946년 어느 미국인이
푸에르토리코의 바느질 제품을
구매하여
오!뷰티풀~
지인들에게 판매한 것이
최초의 공정무역으로
기록되어 있어.
나도 한 장
살래!

1964년에 영국의 옥스팜이 최초의 공정무역기구
'옥스팜 트레이딩'을 설립했고,
Oxfarm
FAIRTRADE
fair

1989년 국제공정무역연합(IFAT)이 설립되었지.
덩실♪덩실♬

국제공정무역 상표기구 (FLO) : www.fairtrade.net

한국공정무역연합 홈페이지 : www.fairtradekorea.net

점점 더 많은 사람들이 공정무역을 접하고, 선택하고 있어.
공정무역 커피 한잔 할까요?
좋아요!

1994년 3종뿐이던 공정무역 인증상품이 현재 3천여 종으로 늘어났고,

6백만 명의 사람들이 공정무역 체제의 혜택을 받고 있지.

판매량도 매년 지속적으로 급증하여 2009년 한 해 동안 4백7십억 달러에 이르렀고, 이 중 5천만 달러가 공정무역 프리미엄으로 지급되었지.

하지만 아직 갈 길은 멀어.
전체 무역에서 공정무역이 차지하는 비율은 2%도 되지 않기 때문에 전체 무역의 관행을 변화시키기에는 아직 역부족일 거야.
홋~, 보이지도 않네~.

이런 여러 가지 문제들에도 불구하고 공정무역은 짧은 기간 동안 많은 일들을 해왔고, 지금도 계속 성장하고 있어.

또 숫자보다 중요한 것은 우리에게 선택지가 하나 더 있다는 사실이야.
딱
선택지?
한 가지만을 선택할 수밖에 없는 상황과 다른 선택지도 있는 상황은 매우 다르지.
!
?
공정무역이 있기 때문에 현재 무역의 불공정함이 폭로될 수 있고,
부당해!
다른 길을 모색해갈 수 있다는 희망이 만들어지고 있으니 말이야.
짝!
밝은 미래를 위해서~!
공
정
무
역

영국에는 청년협동조합이라는 중·고등학생들의 조합이 있어.
이번 상품은 장미네!
장미를 기분 좋게 팔 수 없을까?
이 조합의 청소년들은 자신의 학교에서 공정무역 상품을 취급하도록 하고, 여러 관련된 활동을 기획하지.
으음…

한 학교의 회원들은 밸런타인데이 때 '러브 박스' 이벤트를 마련했어.
학생들이 이 러브 박스에 얼마간 돈을 내면
다른 학교 친구에게 공정무역 붉은 장미를 배달해 주는 거예요!
LOVE BOX
!

여러분도 이제 공정무역을 위한 재미있는 이벤트를 기획해 보는 건 어때?
따단 따따라라라~
뿅빠빠
챙챙

공정무역의 역사

　기원전 3500년, 메소포타미아에서 바퀴가 발명되었고, 목재나 곡물 등의 먼 거리 교역이 촉진되었어요. 기원전 2900년에는 이집트의 배가 인도양을 오갔고, 기원전 2500년에는 인더스인들이 인도와 그 주변을 둑을 따라 무역을 하였죠. 고대에서 중세 시대까지는 아시아와 유럽을 이었던 실크로드가 번성했어요. 16세기에 이르러 항해의 시대가 열리면서 전 세계의 바다를 가로지르는 무역이 활발해졌고, 20세기 초부터는 상업용 비행기가 운행되기 시작했죠. 한국에서는 삼국시대부터 중국이나 일본으로 사신을 보내 문물을 교환한 사실이 여러 기록으로 남겨져 있답니다. 초기에는 주로 물건이나 원료 등이 주요한 무역상품이었지만, 현대에 이르러서는 서비스·운송·여객·노동 및 자본의 이동까지 범위가 확장되었죠. 오늘날 인류는 역사상 가장 많은 재화와 서비스를 가장 광범위하게 교역하고 있는 셈이에요.

　그렇다면 공정무역은 어떻게 시작되었을까요? 영국의 '옥스팜'이라는 대표적인 공정무역 단체의 경우 원래는 제 2차 세계대전 때 기아 구제를 위해 생겼어요. 이후 활동의 범위를 점차 제 3세계 빈곤층으로 넓히다가 1950년대 후반에 홍콩에 사는 중국 난민들의 수공예품을 팔기 시작했어요. 1946년에는 미국의 비영리 공정무역기관인 '텐 사우전드 빌리지'가 푸에르토 리코에서 생산한 바느질 제품을 구입하였죠. 1960년대와 1970년대에 전통적인 국제원조 방식에 대한

1세기 경의 비단길.

실패와 회의가 확산되면서 더불어 공정무역
운동이 좀 더 체계적으로 전개되었고, 여러
공정무역 단체가 생겨났답니다.

1988년 네덜란드의 '막스 하벨라르 재단'
은 처음으로 공정무역 라벨을 만들었어요.
기존의 공정무역 상품들은 생활협동조합
등 특별한 상점에서만 판매가 되었는데,
막스 하벨라르 라벨이 붙은 커피는 보통
슈퍼마켓에서도 구입할 수 있게 되었죠.
비로소 보다 대중적으로 공정무역이 선
을 보이게 된 거예요.

옥스팜 가게. (c)Jongleur100

한국에서는 2000년대 초반부터 본격적으로 공정무역 상품이 수입되기 시작
했어요. 공정무역이 더욱 활발해지고 있는 요즘, 점점 많은 사람들이 윤리적 소
비에 관해 알게 되고 있는데요, 언제쯤 보다 많은 종류의 공정무역 상품을 더 많
은 상점에서 만날 수 있게 될지 궁금해지는군요.

6장 새로운 여행문화, 공정여행

그렇게 곳곳을 다니면서 지구인들 역시
찰칵!

우리 푸딩푸딩인들처럼 여행을 좋아한다는 사실을 알게 되었지.
펑!

'여행'이란 단어는 지구인 사전에 이렇게 나와 있더군.
빠! 빡!
여행!
여행
일이나 유람을 목적으로 다른 고장이나 외국에 가는 일.
인간들은 참 다양한 여행을 하더군.

혼자 또는 가족과 함께, 연인끼리, 친구끼리 여행을 다니지.

때로는 몇십 명씩 단체로 여행을 하기도 하고 말이야.

인간들은 여행을 하면서 좀 더 똑똑해졌어.
오!

지구가 둥글다는 것,

피부색이 다른 사람들도 있다는 것,
떨쩍 떨쩍

남극처럼 아주 다른 생태계가 존재하고 있다는 것을 알 수 있었지.

신비한 축제의식에 참가하거나

성전과 성지를 참배하려는 순례도 오래 전부터 있었어.

스님들은 탁발을 하면서 부처의 말씀을 전했지.

시조를 짓고 산수화를 그리기 위해 길을 떠나던 한국 선비들의 예술적인 여행도 있고 말이야.

로마 황제와 칭기즈칸은 막강한 군사 원정으로
제국을 건설하여 군림했어.

하지만 여행이
항상 좋은 의도로
시작된 것은
아니야.

침략과 약탈, 정복을
위한 여행도
끊이지 않았지.

콜럼버스는 향료와 사치품을 찾기 위해 항해를 떠났지.

15세기 말, 서구인들은 아메리카와
오스트레일리아를 '발견'한 뒤,

신대륙의 원주민들을 몰아내고,
그 땅에 자신들과 가축들을 들여오는 대규모 이주여행을 했지.
나가!
헉!
우리한테
왜 이럽니까?
으악

어떤 사람들은 진귀한 약초와 동물들을 훔쳐가기 위한
여행에 목숨을 걸기도 했고 말이야.
이랴!

그러다가
20세기에 들어서
본격적인 관광산업이
발달하기 시작했지.

영국의 토마스 쿡은 19세기 말, 철도와 연계된 패키지 여행을 개발해
단체관광 서비스를 개척했어.
빠르고 편리한
열차여행을
즐겨 보세요!
칙칙
폭폭
토마스 쿡(Thomas Cook, 1808년~1892년)
화석연료를 값싸게
사용할 수 있게 되면서
이동수단은 급속하게
발전했고,
LPG
OIL
부웅
오늘날 수많은 여행사와
여행상품이 많은 사람들을
세계 곳곳으로 빠르고 안전하게
데려다 주고 있지.
이제 관광산업은 전 세계 GDP의 10.4%를
차지하고,
GDP
관광산업
세계 노동의 약 4%의 일자리를 만들어 내는
거대한 산업이 되었어.

특히 지난 60년 동안 관광산업은 지속적으로 팽창하고 다양화되어
세계의 산업에서 가장 빠르고 거대하게 발전한 부문이 되었지.

이건 정말
대단한 일이야!

1950년에는
2억5천만 명,

1990년에는
4억4천만 명,

그리고 현재는
9억 명 정도가
매년 전 세계를
여행하고 있어.

예전에는 귀족이나 부자들도 평생에 한번 할까 말까한
해외여행이 이제는 대중화되었고,

누구나 이국의 자연과 문화를 접할 수 있게 됐으니 말이야.

찰칵

우와

하지만
사실 누구나
여행을 하고 있는 것은
아니야.

세계가 100명의 마을이라면 세상을 여행할 수 있는 사람은 14명뿐인데,
100명
그중 8명이 유럽인이고, 2.8명은 아시아와 호주인, 2.2명은 북아메리카인이고, 나머지 1명이 아프리카와 남아메리카 그리고 중동 지역을 합한 사람 중 1명이지.
우와~, 좋겠다!
여행
여행
여행
여행
명수
한국의 인구가 5천만 명 가량인데 매년 해외 관광을 하는 사람은 천만 명 가량이야.
인구의 20%가 매년 해외여행을 하고 있는 셈이니
한국인은 여행에 관한 한 특권을 누리고 있는 편이지.
자주 놀러 오네~.
하지만 여행이 모두에게 행복한 일일까?
거야 당연한 말씀!
안타깝게도 그렇다고 보기는 어려워.
왜요?
우선 엄청난 환경파괴의 문제가 있지.
숲, 강, 해안가를 비롯한 수많은 생태계가 관광지로 개발되면서 파괴되었어.
쓰레기 문제도 만만치 않아.

또한 여행을 하는 동안 기후변화의 원인이 되는 이산화탄소가 많이 배출되는 것도 문제야.

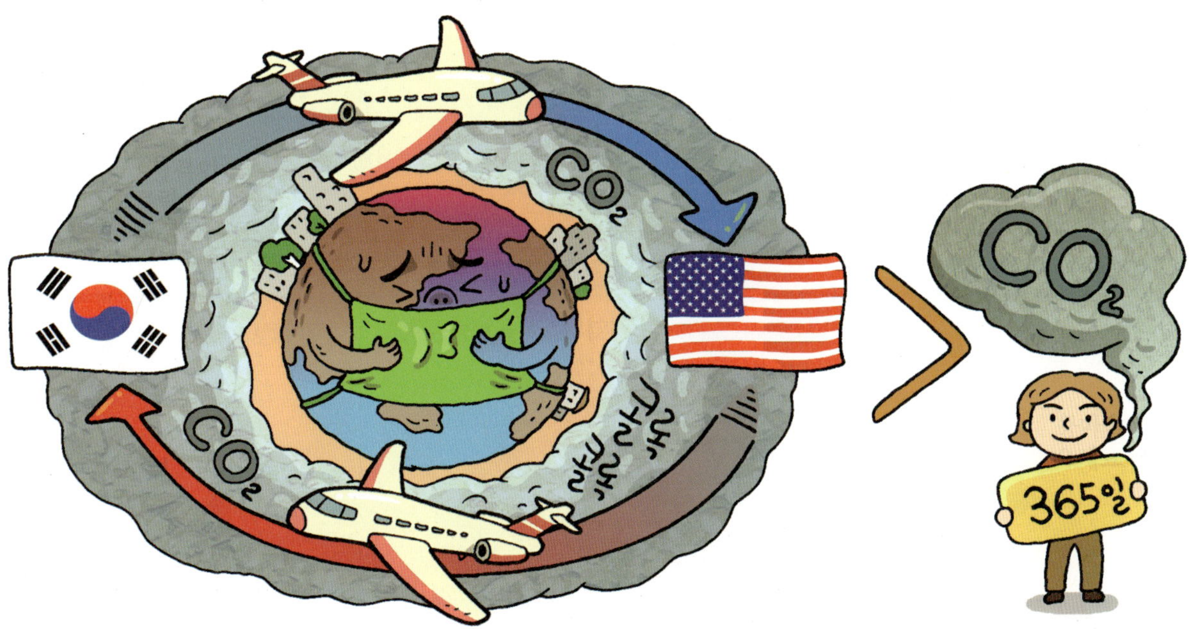

한국에서 미국을 왕복할 때 비행기에서 배출되는 이산화탄소는 평균적으로 한 사람이 1년 동안 배출하는 양보다도 많아.

세계관광기구의 발표에 따르면,
2005년 한 해 동안 관광산업에서 모두 13억 7천만 톤의 이산화탄소가 발생했어.
UNWTO

소나무 한 그루가 5kg의 이산화탄소를 흡수한다고 할 때,
CO2 5kg

제주도

관광산업으로 발생한 이산화탄소를 흡수하기 위해서는 모두 2,614억 그루의 나무,
즉 제주도 면적의 700배의 숲이 필요한 셈이지.
뿌 뿌

동물학대 문제도 있어.
힝힝
낑낑

코끼리, 고릴라, 펭귄 같은 신기한 동물은 관광산업의 스타들이지.

하지만 이들은 관광업을 위해 대량으로 사냥되거나
흐흐흐

조련사에 의해서 학대받고 있는 경우가 많아.
더 빨리!

관광객들 앞에서 전통춤을 추고,
제의를 올리면서

외국인 소유 호텔이나 관광 관련 회사들에 의해 해외로 빠져나가는데,

관광수입 순위 10위 이내의 국가가 대부분 북아메리카와 유럽의 잘사는 나라들인 것은

이들 국가에 유명한 관광지가 많아서인 것만은 아니야.

여행하는 사람들이 지불하는 비용 대부분이

여행사를 비롯한 초국적기업으로 흘러들어 가고 있기 때문이지.

하항하!

다국적 기업

이런 식의 관광산업에서 현지인들이 얻을 수 있는 수입은 낮을 수밖에 없겠지.

다들 저기에서만 돈을 쓰네.

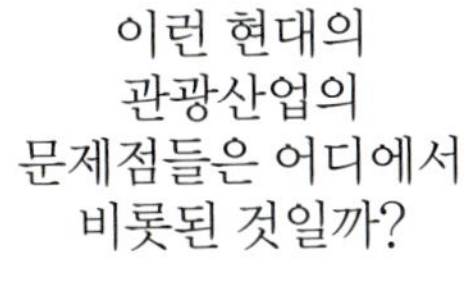

이런 현대의 관광산업의 문제점들은 어디에서 비롯된 것일까?

어떻게 하면 자연과 문화를 파괴하지 않고,

STOP!

현지인들의 삶을 파괴하지도 않으면서 즐겁게 여행할 수 있을까?

이런 질문을 던지면서 새로운 여행문화를 만들어 나가는 사람들이 있어.
바로 에코투어리즘,
지속가능한 여행, 공정여행 등으로 불리는 여행들이지.

지역 원주민의 행복을 배려하는 생태관광을 말해.
'에코투어리즘'이란 자연 지역의 환경 조건을 보존하고,
좀 더 자세한 설명듣고 싶다면 여기를 봐!

세계관광기구
세계관광기구는 지속가능한 여행을 '여행지의 미래를 해치지 않으면서 여행자와 현지의 욕구를 모두 충족시키는 것'으로 정의했지.
'공정여행'이란 여행에서 만나는 이들의 삶과 문화를 존중하고,

내가 여행에서 쓴 돈이 그들의 삶에 보탬이 되고,

그곳의 자연을 지켜 주는 여행을 말하고 말이야.

이 세 가지 모두 비슷한 가치를 담고 실천하려는 노력이라고 볼 수 있단다.

특히 공정여행은 1990년을 전후로 부각되면서
공정여행

그 개념이 점차 많은 사람들에게 알려지고 있어.

우선 여행객들에게 공정여행을 알리고 캠페인을 벌이는 단체들이 여럿 생겨났지.
공정여행

영국의 관광 감시 NGO인 '투어리즘 컨선(Tourism Concern)'은 관광지의 개발과정을 모니터링하기도 하고, 국제적인 캠페인을 벌여서 관광지 주민들의 강제이주 계획을 수정시키기도 했지.
공정한 관광산업을 위해서!
원주민들의 권리를 지켜 주세요!
The Voice for Ethical Tourism
Tourism Concern

'글로벌 익스체인지'라는 국제적인 인권단체는 여행을 통한 사람들 사이의 유대 형성을 목표로 '리얼리티 투어'라는 프로그램을 만들었고 말이야.
우리 다함께 즐기는 여행문화를 만들어 가요~.
GLOBAL EXCHANGE

이매진 피스 : www.imaginepeace.or.kr

지속가능한 관광 사회적 기업 네트워크 : www.sustainabletourism.kr

'책임여행 상'이라는
것도 있어.

영국의 한 환경단체가 매년
여러 시민들과 함께
좋은 공정여행을 선정하여 시상하는
거란다.
올해의
책임여행
수상자는
grrr
감비아
여행입니다!

농장에서 일하는 농부들의 90%가 여성인 아프리카 감비아 지방 농장의 공정여행으로
지역경제에 획기적으로 도움을 준 감비아의 여행상품,

2천 대가 넘는 자전거를 도시에 비치해 여행객들이
무료로 이용할 수 있게 함으로써

도시 공해를 줄인 덴마크 코펜하겐의
자전거 시티투어,

아프리카 케냐의 사파리 투어 기금으로
멸종 위기에 처한 동물을 보살피게 한 여행,
파키스탄의 문화유산인 시가(Shigar) 요새를
호텔로 개조해 지역 경제를 활성화하고,
문화유산 보존에 기여한 여행 등이 상을 받았지.
지익

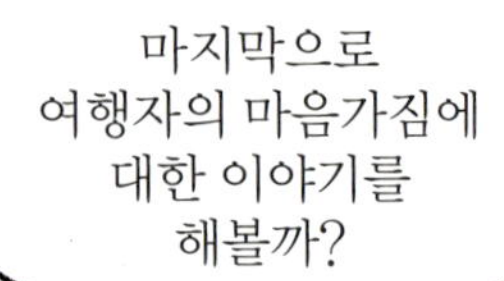

마지막으로 여행자의 마음가짐에 대한 이야기를 해볼까?

마르코 폴로, 이븐 바투타, 박지원의 공통점은 무엇일까?
마르코 폴로
이븐 바투타
박지원

일단 유명한 여행자들이야.
그리고 『동방견문록』, 『열하일기』 같은 유명한 여행기를 남겼지.
그렁지!
그럼 이런 여행기들의 공통점은?
이 여행기 모두 여행자들에 의해서 쓰였다는 거야.
쓱쓱~

뭐? 당연한 거 아냐?
하지만 여행기가 여행자들의 시선으로만 기록되었다는, 어찌 보면 너무나 당연한 점에 대해서 한번 생각해 봐.
여행하는 자는 방문 받는 사람들에 비해서 돈과 시간의 여유가 있는 경우가 더 많기 때문에 좀 더 우월한 태도를 취하기가 쉬워.
어흠!
어흠흠!

그는 돈을 지불하는 사람이고, 서비스를 받는 사람이니까 말이야.
저희 호텔에 오신 것을 환영합니다.
관광객 혹은 여행상품의 소비자는 해당 여행지의 자연과 사람, 문화를 바라보고 평가하지.
오! 뷰티풀~
음~ 평화로워~

이곳은 아름답다, 평화롭다, 혹은 사람들이 친절하다, 가난하다, 세련되다, 또는 이곳의 음식은 좋다, 이런 주거형태는 불편하다 등등. 그런 일방적인 시선은 여행지의 실제 자연과 사람들과의 의미 있는 교류를 어렵게 할 거야.
어머! 애네 정말 가난하다.
어우~, 집이 저게 뭐냐? 저런 데서 어떻게 살아?
여행을 통해 받으려고 하면 할수록,
어으~
자신의 여행이 생태계와 다른 문화에 끼치는 영향력에 대해 무지할수록,
힘이 영~ 없어요!
여행에서 얻을 수 있는 정말 소중한 것들과는 멀어지지 않을까?
싫다…
어휴~
괜히 여기 와서 돈만 버렸네.
난 지구의 청소년들이 미지의 세계에 대한 호기심,
다른 곳에 대한 동경, 새로운 경험을 하고 싶은 모험심, 이런 마음들을 가득 갖고 있다는 것을 알고 있어.
여행을 떠나!
저기로 가보자!
좋아!
지구가 얼마나 넓고 다채로운지 책으로 알 수 없는 살아 있는 경험을 해봐!
그게 이 지구별의 좋은 여행이라고 할 수 있지 않을까?
자연과 깊게 교류하고, 낯선 곳에서 자신을 만나고, 친구를 사귀고자 한다면,

이동수단의 역사

　오늘날 세계 곳곳을 다양한 방식으로 여행할 수 있었던 데에는 이동수단의 발전을 빼놓고 이야기할 수 없을 거예요. 500여만 년 전, 인류는 두 다리로만 걷는 직립보행을 시작했어요. 이것은 인류 진화의 가장 획기적인 사건 중 하나로, 이로써 인류는 손을 자유롭게 사용할 수 있게 되었어요. 이동의 측면에서 보면 좀 더 적은 에너지로 멀리 이동할 수 있게 된 것이죠.

　인간들의 이동을 처음으로 도와준 것은 말과 소, 낙타 같은 동물들이었어요. 그러다가 기원전 3500년, 드디어 바퀴를 발명했고, 수레를 사용하여 더 쉽게 멀리 물건을 나를 수 있게 되었죠. 최초의 배는 기원전 5000년경 나일 강을 오가던 '갈대배'로, 파피루스라는 풀을 엮어 만들었다고 해요. 인류문명의 발상지인 고대 이집트, 메소포타미아, 인도, 중국은 모두 큰 강을 끼고 있고 바다와 가까운 곳으로 물을 잘 이용한 곳이었어요. 초기 무역과 문명의 교류는 주로 선박을 통해 이루어진 것이죠. 현대에 들어 초대형화 된 선박은 석유와 농수산물을 비롯한 다양한 재화를 운반하는 중요한 수단이 되었답니다.

　1769년 증기기관차가 달리기 시작하면서 산업혁명이 시작되었고, 인류는 본격적으로 화석연료를 사용하기 시작했어요. 얼마 뒤 영국에서 최초의 철도가 개설된 이후, 기차는 여행의 대중화시대를 열게 되었어요. 본격적인 관광의 시대가 시작된 거죠. 1903년에는 러시아 대륙을 가로질러 유럽까지 9,000km가 넘는, 지구에서 가장 긴 철도 노선인 대시베리아철도가 개통되었어요. 한국에선 1905년에 경부선 철도가 개통되었죠.

　자동차는 여행객들이 어느 때고 자유롭게 이동하는 데 큰 역할을 했어요. 열차 시간표나 여

철기시대의 바퀴.

객선의 노선을 고려하지 않고 여행계획을 세울 수 있게 된 거예요. 자동차는 20세기 초에 대량생산 시스템이 갖추어지면서 대중화되었어요. 이를 뒷받침하는 것은 물론 석유였죠. 1859년 미국에서 처음으로 유전에서 석유를 뽑아 올린 이후 근대적인 석유산업이 본격적으로 시작되었어요. 석유와 자동

하늘을 나는 인간의 꿈을 현실로 만든 라이트 형제의 비행. ©John T. Daniels

차 산업의 발달로 점점 더 많은 도로와 기반시설들이 지구를 뒤덮기 시작했죠. 대륙을 가로질러 섬과 섬 사이에, 아마존 숲의 이쪽 끝에서 저쪽 끝까지, 심지어 영국~프랑스 사이의 해저터널도 생겨났죠.

1903년에는 라이트 형제가 최초로 동력 비행에 성공했고, 비로소 인류는 하늘을 날 수 있게 되었어요. 초기 비행기는 일반인들이 타기 어려웠고, 1952년에 이르러서야 최초의 제트 여객기가 운항을 시작했죠. 사람들은 이제 순식간에 지구 반대편을 오갈 수 있게 된 거예요. 그리고 1969년, 인류는 달에 첫발을 내딛었고, 그 후로 우주여행에 대한 사람들의 호기심은 더욱 커져만 가고 있죠. 아마도 우주인이 아닌 보통사람들도 지구를 바깥에서 볼 수 있는 날이 멀지 않을 거예요. 언제쯤 여러분을 우리 푸딩푸딩별로 초대할 수 있을지 정말 궁금하군요!

이동수단은 여행의 속도와 범위에 영향을 미칠 뿐 아니라 여행의 방식을 좌우하기도 한답니다. 여행지를 자전거로 달리는 것과 자동차를 운전하는 것은 아주 다른 경험이니까요. 빠른 이동수단일수록 주변을 세밀하게 보고 느끼기가 어렵겠죠. 초창기 자동차 여행자였던 어느 작가는 이런 말을 남겼답니다.

"여행의 본질은 결코 속도가 아니라 자유로운 이동이다."

7장 지속가능한 미래의 도시, 생태도시

도시는 인간이 만들어 낸 아주 독특한 환경이야.
난 도시의 건물이나 도로뿐만 아니라, 물과 먹을거리 역시 인공적으로 느껴졌어.
수도꼭지를 틀면 물이 나오고,
어푸~어푸~
탁탁탁
화장실 물을 내리면 오물이 눈앞에서 사라지지.
으으으으
아~ 시원해~
가스오븐을 켜면 어디에선가 가스가 나오고,
음식들은 잘 포장되어 슈퍼마켓에 진열되어 있지.
MART
도로뿐만 아니라 골목 구석구석까지 자동차에 의해 점령되어 있고,
하천이나 강은 콘크리트 수로처럼 보이거나,
밤하늘은 달과 별 대신 전기 불빛으로 화려하고,
아예 도로로 덮여 있어서 본래의 물길의 모습과는 매우 달라.

죄다 아스팔트나 콘크리트로 깔려 있어서 본래의 땅이 드러난 곳은 아주 적고 말이야.

한마디로 도시는 인간에 의해 구축된, 철저히 인간만을 위한 공간이었어.

어떤 학자들은 이렇게도 표현하지.

지금의 도시는 기생충이야!

도시라는 공간을 만들기 위해 숲과 하천, 농지를 없앤 것이잖아.
우적~ 우적~
도시기생충

그러고 나서 도시는 지속적으로 식량, 물, 에너지,
와구~와구~
OIL

기타 다양한 재화를 다른 지역으로부터 공급받아야 해.

반면 엄청난 양의 쓰레기와 오물이 주변으로 배출되고 있잖아?
뿌지직~

도시의 이런 특성을 보면, 도시를 지탱시키는 핵심이 물자의 원활한 이동에 있다는 것을 알 수 있을 거야.

실제로 20세기의 경이적인 도시 성장을 가능하게 했던 것이
바로 화물 운송의 발달과
이를 뒷받침한 석유라고 해.
석유
석탄
LPG

인류 초기의 도시들은 주변 지역으로부터 재화를 공급받았다면,

현대의 도시는 엄청나게 광범위하고 먼 곳에 의존하고 있다는 얘기지.

한편 도시인들이 편리하고 화려한 생활을 하는 동안 엄청난 쓰레기가 만들어지고 있어.

2000년대 초 서울시에서 하루에 배출되는 쓰레기가 1만 1천 톤이었는데, 이는 12톤 트럭 1천 대 가량의 양이야. 사람들이 배출하는 대소변을 비롯한 생활하수도 엄청난 양이겠지.

아이코! 냄새!

도시가 주변 지역과 생태계에
기대어 있으면서

어~ 좋다요

환경적인 부담을 주고 있는 것과
마찬가지로,

으익!

도시 안에서 발생하는
환경문제 역시
만만치 않아.

전 세계의 많은 도시들이 심각한 대기오염과
미세먼지, 물 부족, 생활하수와 쓰레기, 소음 등으로
골머리를 앓고 있어.

끼익

빵빵

으으~ 시끄러~

콜록~ 콜록~

주택 부족이나 실업, 슬럼 형성과 같은
사회적 문제들 역시 심각하지.

하지만
도시가 그렇게
문제투성이
공간인 것만은
아니야.

도시는 수많은 창조적인 사람들로 활기가 넘치는 곳이지.

도시는 인근 지역의 네트워크의 구심점이 될 뿐만 아니라, 다른 국제적 네트워크를
형성하면서 전 세계를 연결하고 있어.

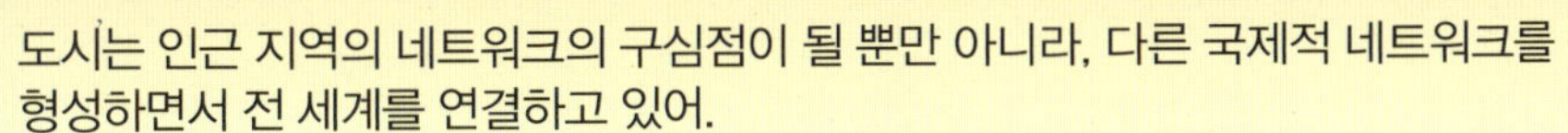

실제로
많은 도시들은
변화를 위해
계속 노력을
하고 있어.

그중에서도
도시를 생태적으로
가꾸기 위한 노력에
대해서
소개를 하려고 해.

생태도시란 '다양한 도시 활동과 공간구조가 생태계의 속성인 다양성,
자립성, 순환성, 안정성 등을 포함하는, 인간과 자연이 공존할 수 있는
지속가능한 도시'라고 할 수 있어.

실제로 인간들이 생태도시를 만들기 위해 했던 일들을 살펴보면
무슨 말인지 좀 더 쉽게 이해할 수 있을 거야.
우선 생태도시에는 자연적인 공간이 풍부해.
본래의 지형의 굴곡을 살려두지.
상업단지나 주거단지를 짓기 위해서 지형을 훼손하는 일을 최소화하고,
큰 도시는 하천이나 강을 끼고 있게 마련인데,
그동안 이러한 물길은 도로로 덮거나 콘크리트로 제방을 쌓아서
그저 물만 흐르는 수로처럼 만들었었어.
튼튼하면 됐지~, 뭘 더 바라?
이제는 이것들을 걷어 내고,
본래의 모습대로 하천이 흐를 수 있도록 하고 있지.

이렇게 본래의 자연을
보존하는 한편,

확보한 자연적 공간들을 따로
떨어뜨리지 않고
적절하게 연결하기 위한 계획도
짠단다.
랄라

녹지가 사람들의 집 앞까지
이어질 수 있도록
할 뿐만 아니라
생물들도 이동할 수 있게
하는 것이지.
세심하게
건물을 배치하여
산이나 바다로부터
신선한 공기가 흐를 수 있도록
설계를 하기도 해.

덕분에 도시가 가열되어
온도가 상승되는 도시 열섬현상이
완화될 수 있어.
바람길을 따라
오염물질이
빠져나가고.
홍수나 태풍과 같은 자연재해에도
대처할 수 있게 된단다.

또 도시가 배출하는 엄청난 양의 이산화탄소 중 일부를 흡수해 주기도 하지.

이렇게 자연이 본래 갖고 있는 다양성과 순환성이 살아 있는 도시는

사람들의 신체와 정신건강에 좋을 수밖에 없겠지.

'생태도시'라고 하는 곳들은 대개 이동수단을 획기적으로 변화시킨 곳들이야.

코펜하겐 시의 스트뢰에서는 유럽에서 가장 긴, 자동차 없는 거리를 만들었어.

많은 사람들이
자유롭고 안전하게 산책하거나
쉬거나 거리 악사들의
연주를 감상하지.
좋다~
이러한 성공은 다른 도시에도 확산되어 더 많은
보행자 거리들이 생겨나고 있다고 해.

네덜란드의
그로닝겐시
네덜란드의 그로닝겐이란 도시는 자동차 운전자보다 자전거를 타는
사람들에게 보다 많은 권리를 보장하는 정책을 시행했지.

그로닝겐 교통정책의 원칙은 자전거와 대중교통의
이용을 촉진하는 데 최우선을 두고,
챠릉
챠릉
uitgezonderd

생계형이 아닌 자동차의 교통을 제한하는
것이야.

일부 구간은 자동차 대신
자전거가 다닐 수 있도록 하고,
뿡!

10년에 걸쳐 주거지와 도심지를
연계하는 자전거 도로망을
구축했지.

자전거 주차시설, 도로표지,
자전거 스탠드, 쉼터와 같은
전용시설도 만들고 말이야.

뿐만 아니라 보행자 지역을 확대하고,
광장에서 자동차를 몰아내는 대신 나무를 심었지.

그 결과, 자전거가 지배적인
교통수단이 되어서

매일 약 10만 대의 자전거 통행이
이루어지고 있어.

버스 통행이 18% 증가하고,
소음과 오염이 감소되었지.

보다 편리하고
친환경적인
대중교통에 관한
아이디어들도 있어.

경전철이나 전기버스와 같은 에너지
절약형 교통수단을 도입하거나
간선급행버스 운행이나 대중교통
환승 시스템을 구축하는 것 등이야.

자동차 도로보다 대중교통에
더 많은 투자를 할수록 지역의
경제가 좋아진다는 연구 결과도
있어.

차를 타고 쇼핑을 하는 곳은 대기업이나 글로벌
기업의 대형 마트인 반면,

걷거나 대중교통으로 가는 상점은 보다 작은
규모의 동네 가게와 시장일 테니까 말이야.

옥상이나 지붕에 풀과 나무를 심는 옥상녹화도 녹색건축의 중요한 요소야.

건축물의 벽면이나 담장, 방음벽 등에 식물을 심어도 비슷한 효과를 낼 수 있어.
운반에 드는 비용을 줄이거나 주변 자재를 최대한 사용해
친환경적인 재료로 건강한 집을 짓기도 하고 말이야.
태양광발전기나 태양열 온수기, 지열 시스템과 같은 재생가능 에너지를
건물에 적극 도입하여 스스로 사용할 에너지를 충당하기도 하지.
런던 남부 Bed ZED
런던 남부에는 '베드제드(BedZED)'라는 주거단지가 조성되었어. 베드제드는 '베딩턴 제로 에너지 개발'의 줄인 말이야. 모든 주택의 난방 에너지를 일반 주택의 10분의 1만 사용해도 되도록 설계했지.

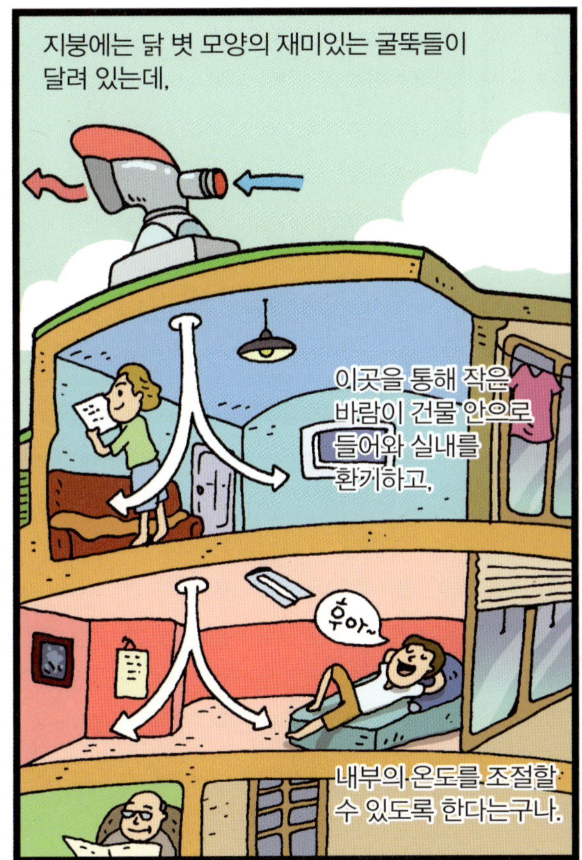

지붕에는 닭 벗 모양의 재미있는 굴뚝들이 달려 있는데,
이곳을 통해 작은 바람이 건물 안으로 들어와 실내를 환기하고,
우아~
내부의 온도를 조절할 수 있도록 한다는구나.

모든 주택을 남향으로 배치하고,
3중 유리와 온실, 차양을 설치하여
태양에너지를 적극 활용하고 있지.

인근 지역에서 구할 수 있는 재생가능한 자재와 재활용 가능한 건축 재료를 최대한 활용하고 말이야.

모든 주택의 지붕 위에는 태양전지가 설치돼 있고,

사용하는 온수의 절반을 태양열 온수 시스템을 통해서 만들어 낸다고 해.

그렇다면 생태도시에서는 물을 어떻게 사용하고 있을까?

도시가 발달한 곳에서는 어김없이 근처 하천이 오염되곤 했어.

수질오염은 하천 생태계를 파괴할 뿐만 아니라,

공중위생에도 큰 영향을 미친단다.
지금도 세계적으로 200만 명의 어린이가 열악한 위생 때문에 목숨을 잃고 있지.
빠끔~ 빠끔~

더구나 적절한 하수처리 시스템이 구축되지 못한 열악한 도시는 공중위생이 더욱 심각한 상태야.
자신의 화장실을 갖지 못한 인구가 25억 명이나 되는데,

이들 모두에게 상하수도를 공급하여 수세식 변기를 설치한다는 것은 현실적으로 무리거든.
그냥 물에 싸는 거죠.

그 대안으로 물이 필요하지 않은 퇴비화 화장실이 있어.
끄응

퇴비화 화장실은 아파트에도 설치할 수 있을 수준으로 개발이 되어 있다고 해.

물 사용을 줄이기 위한 여러 가지 방법들도 고안되고 있지.

한번 내리는 데 22리터나 되는 물이 사용되는 변기 대신에
콰르르르~

6리터만을 사용하는 변기나 대소변 분리변기로 바꾸고,

1분에 19리터가 나오는 샤워기를
쏴아아아

1분에 9.5리터만 나오는 모델로 바꿀 수도 있지.
룰루♪

가전제품에 에너지 효율성을 표기하듯이
어흠! 내가 1등
에너지소비효율등급

물 효율성을 표기하기도 하지.
물도 절약하지!
에너지절약

더 적극적인 방식으로 도시의 물을 보존하는 방법도 있어.

건물에서 사용된 물을 정화하고 빗물을 받아 두는 거지.

이런 물을 화장실과 옥상정원에서 재활용하는 거야.

최근 몇 년 사이 많은 도시에서 식량의 자급률을 높이려는 다양한 프로젝트가 시행되고 있어.
도시 내의 공터, 마당, 또는 옥상과 같은 작은 땅들을 활용해 농사를 지어 먹을거리를 얻기도 하지.
식량 자급률

또한 도시 외곽이나 인근 농장들을 활성화 시켜서
신선한 채소와 과일, 우유와 달걀 등을 생산하고 있는데,
MILK

이런 농산물을 복잡한 유통단계를 거치지 않고 도시민에게 직접 공급하고 있지.

런던 시민의 14%, 밴쿠버 시민의 44%가

자신이 먹는 음식 중 일부를 생산하고
있다고 해.

2005년 유엔식량농업기구는 도시와 주변의 농지가 약 7억 명의 도시 거주자를 먹여 살리고
있다고 보고했지.

재생가능 에너지 시설도
빠질 수 없단다.

독일
프라이브루크

생태도시에서는 태양광 전지, 태양열
온수기, 지열 시스템, 바이오에너지 등
다양한 종류의 재생가능 에너지를
그 지역 실정에 알맞게 활용하여 도시에서
사용되는 에너지를 스스로 생산하고 있지.

독일 프라이브루크는 '태양의 도시'라는
별명에 걸맞게 재생가능 에너지를 적극
활용하고 있는 곳이야.

원래는 원자력발전에
의존했었는데, 열병합발전
시스템으로 전환하여 소비전력의
80%를 자급하고 있지.

UAE 탄소중립 도시
마르다르 신도시

전 세계적으로 재생가능 에너지는

생태도시의 필수적인 에너지 공급 방식이 되어가고 있어.

H

생태도시

지구의 어린이들은 하늘로 다니는 자동차나

하지만 오늘은 다른 종류의 미래 도시도 있다는 걸 알게 되었지?

차가 없는 거리,

숲이 우거지고 텃밭 사이로 시냇물이 흐르는 곳.

탄소중립도시를 선언한
UAE의 마르다르 신도시는
태양광, 풍력, 지열 등으로
도시에서 사용되는
전력 100%를 활용하고 있다니,
대단하지?
미래의 도시를 그리라고 하면
미래도시?
100층 이상의 고층 빌딩들을 그려 넣곤 할 거야.
다양한 새들과 곤충이
어울리는 곳.
이런 도시는 지구를 위해
바람직한 곳이기도 하지만,
인간 스스로에게도
행복한 곳일 거야.

시민이 만드는 생태도시

도시를 계획하고 설계하고 짓는 사람들은 누구일까요? 아마도 여러분은 시장을 비롯한 행정가나 전문적인 도시계획자, 건축가 혹은 건설 기업이라고 답할지도 모르겠군요. 물론 이런 사람들이 도시 계획에 중요한 역할을 하고 있는 건 사실이에요. 그렇다면 그 도시에 살고 있는 주민들의 경우는 어떨까요? 주민들에게도 자신들의 도시 계획에 참여할 수 있는 방법이 마련돼 있을까요?

도시 계획은 주거환경 뿐만 아니라 지역의 경제와 문화를 직·간접적으로 변화시키면서 지역민들의 삶에 큰 영향을 미친답니다. 하지만 지금까지 도시 계획에는 주민들이 의견을 낼 수 있는 통로가 마땅히 없었어요. 법률적인 면에서나 행정적인 면에서 주민들에게 도시 계획의 권한은 없고, 정부나 지방정부가 전적으로 주도해 왔죠. 특히 구도심이나 오래된 주거단지의 가정집, 상가 등을 철거하고 새 건물을 짓는 재개발 사업 과정에서 사회적 논란과 갈등이 깊어지곤 했어요. 거주민들의 동의와 의견을 구하는 과정 없이 행정 당국과 기업이 일방적으로 재개발 사업을 주도하는 과정에서 지역 주민들의 반발에 부딪힐 수밖에 없었기 때문이죠.

하지만 최근 참여적 민주주의에 관한 요구가 높아지고, 지방 분권화 시대에 접어들면서 시민사회의 역량이 양적으로나 질적으로 강화되어 직접적인 시민참여의 가능성이 열리고 있어요. 2000년대에 들어서면서 도시 관리 계획을 '입안'하고 '결정'할 때는 그 내용을 공개하고, 주민들이 의견을 내는 공청회를 열 수 있게 되었죠. 또한 도시개발과정에서 투표로 주민들의 의견을 수렴할 수 있도록 주민투표법이 제정되기도 했어요. 하지만 도시계획의 '시행' 단계에서는 여전히 주민들이 실질적으로 참여할 수 있는 방법이 마련되지 못한 것이 사실이에요. 한마디로 주민들은 도시계획의 정보를 제공받을 수 있

서울시의 환경 개발 정책 중 하나인 서울 광장의 녹지.

긴 하지만, 그 계획이 현실화되는 과정에서 지속적으로 참여하여 실질적인 변경을 이끌어 내기란 쉽지 않은 거죠.

하지만 최근에는 주민들이 직접 참여하는 도시계획의 중요성과 효과에 관해서 많이 논의되고 있어요. 특히 생태도시를 만들기 위해서는 시민참여가 필수적인 요소로 여겨지고 있죠. 거주민은 그 지역의 환경과 일차적으로 관계를 맺고 있는 가장 중요한 주체로서 그 지역에 관한 중요한 결정권자이기 때문이에요. 뿐만 아니라, 그 지역을 가장 아끼고 잘 알고 있는 생활 전문가이기 때문에 주민들의 입장과 욕구가 반영되어야 하죠. 또한 시민들이 도시 사업 과정에 참여함으로써 그 사업에 관한 이해가 높아질 수 있고, 사업의 취지와 목적을 보다 잘 달성할 수가 있게 되는 거예요.

시민참여라는 의미는 훌륭하지만 실제 과정을 만들어 내는 것은 만만치 않은 일이에요. 우선 주민과 정부 사이의 의견 차이가 심할 수도 있고, 주민들 사이에서도 서로가 바라는 점과 방향이 매우 다를 수 있기 때문이죠. 또한 도시 계획과 건설에 관한 전문적인 지식이 부족하다는 단점도 있어요. 그렇기 때문에 이해관계를 조정하고, 문제해결을 위한 대안을 제시할 수 있는 시민단체나 전문가의 도움이 매우 중요하답니다. 결국 성공적인 시민참여는 주민, 행정, 시민사회단체 등 여러 주체들이 얼마나 잘 협력하느냐에 달렸다고 할 수 있어요. 여러 사람들의 상호신뢰와 협력, 의사결정의 기술이 중요하다는 점에서 시민참여는 민주주의와 지속가능성의 가치를 현실로 만들어 나가는 중요한 방법인 셈이죠.

공원이나 도서관과 같은 공공시설을 기획하고, 자전거 길이나 보행자 전용도로를 제안하고, 재생가능 에너지 도입이나 친환경 주택단지를 건축하는 데 여러 사람이 함께 아이디어를 내고 합의하여 만들어지는 그런 생태도시들이 더 많아진다면 좋겠어요.

1992년 6월 브라질 리우데자네이루에서 전 세계 185개국 정부 대표단과 114개국 정상 및 정부 수반들이 지구 환경 보전 문제를 논의했다. ⓒThiago Hirai

8장 그린워싱의 7가지 죄악
상점에 있는 여러 상품의 이름들을 유심히 본 적 있니?
그 단어들을 보면 어떤 이미지가 떠오르니? 상당수의 제품들이 '그린', '녹색', '에코', '자연', '천연', '친환경'이라는 단어로 치장돼 있는 것을 금세 알 수 있을 거야.
친환경
에코맘
도르륵~
그린
자연
녹색
천연
에코
친환경
요즘은 물건뿐만 아니라 미용, 의료, 여가 등의 서비스 산업에서도 에코를 남발하고 있지.
친환경 건강 도우미

그것을 사용하면 집안이
깨끗해지거나

건강에 좋기 때문에 '에코'라고
했을 수도 있고,

제품에 함유된 성분 중 일부를
자연에서 추출했기 때문에
'천연'이라는 단어를 썼을 수도 있어.

다른 제품에 비해 환경오염을
덜 시키기 때문에 '녹색'이라고
부를 수도 있을 거야.

놀랍게도 2009년에는 단지 2%뿐이었고, 2010년에는 4.5%에 불과했지.

이런 현상을 '그린워싱(Greenwahing)' 이라고 해.
이렇게 칠하면 날 친환경 제품으로 알겠지? 으흐흐~.
친환경을 상징하는 'green'과 겉치레를 뜻하는 'white washing'을 조합한 말이지.
치덕 치덕
정부나 기업 또는 특정 단체들이 친환경 콘셉트를 내세워 제품이나 서비스, 정책 등을 홍보하지만
실제로는 친환경과 거리가 먼, 친환경적인 '척'만 하는 것을 뜻하지.
100% 천연 과일음료
7 UP
자연을 섬깁니다
그렇다면 구체적으로 어떤 속임수를 써서 그린워싱을 하는 걸까?
히히히
으!
'그린워싱의 7가지 죄악'을 살펴보면 알 수 있어.
으흐흐~
첫째 : 감춰진 모순
친환경적인 몇 개의 속성만을 강조하고,
전체적으로 환경에 미치는 영향에 대해서는 언급하지 않는 거지.
이런 좋은 것들로 만들어졌어요!
탁
뭐가 들어갔는지 다 알 필요는 없구요~.
XX파일

가령, 재활용 종이로 만들었다는 학용품의 경우,
재활용했다는 측면에서는 친환경적이라고 할 수 있지만, 재활용 공정에서 많은 화학약품을 쓰거나 수질을 오염시켰다면 친환경이라고 하기 어렵잖아?
또는 방부제나 유해한 화학물질로 가공된 나무를 쓰면서 천연재료라는 점만 강조한다든지 말이야.
그런데 그런 얘기는 쏙 빼고 재활용만을 강조하는 속임수를 쓴다는 거야.
재활용
원료
약품
뺙
둘째 : 증거 부족
실험 같은 것을 한 적도 없고, 증거를 검증하거나 밝히지도 않았는데,
아…, 아직 실험을 못했는데…. 크억!
턱!
인체에 무해하다고 말하는 거지.
믿어 주세요, 안전합니다!
셋째 : 모호함
정확히 무슨 의미인지 알 수 없을 정도로 광범위한 말로 얼렁뚱땅 넘어가는 거지.
자연을 섬깁니다!
우리 제품은 순수해요~!
순수 자연물질이라고 하면 무조건 좋은 거라고 생각하겠지만,
순수
자연

수은이나 우라늄도 자연 상태에서 순수하게 존재하는 물질이잖아?
위험
그러니까 천연, 자연이라고 해서 무조건 좋은 게 아닌데도
수은중독
방사능 피폭
천연 자원
사람들이 당연하게 좋은 것이라고 여기는 심리를 이용하는 거지.

또 천연물질을 단지 1%만 함유하고서

마치 제품 전체가 천연 제품인 양 부풀리는 경우도 많지.
우리 제품은 100% 순수해요!

넷째 : 무관심
사실이긴 하지만 소비자에게 쓸모가 없는 정보를 일부러 제공하는 거지. 오존층을 파괴하는 물질인 염화불화탄소를 예로 들어볼게.
NO CFCs
NO CFCs
NO CFCs
CFC FREE
오존층을 파괴하는 '염화불화탄소'를 절대 넣지 않았습니다!
음…

이미 30년 전에 사용이 금지된 거라고!
치익
NO CFC 1989
제품에 '염화불화탄소 불포함'이라고 써 넣고,
소비자들에게 뭔가 친환경적인 이미지를 주는 경우가 있었지.
뭐야~
다섯째: 거짓말
취득하지 못했거나 인증되지 않은 마크를
떡 하니 붙여 놓는 등 명백히 거짓말을 하는 경우야.
인증마크가 별건가…. 내가 하나 만들면 되지~.
쓱쓱~
에헴!
!?
여섯째: 은폐, 축소
친환경적인 물질로 만들어진 것은 맞지만
그 제품이 사용되었을 때 환경에는 나쁜 영향을 미치는 경우를 말해. 유기농 담뱃잎으로 만든 담배나 천연물질이 포함된 제초제 같은 거 말이야.
유기농 담배
친환경 제품이에요!
천연물질 제초제
칙 칙
꽉
천연물질 제초제

일곱째 :
부적절한 라벨
믿을 만한 기관에서 공인받은
인증마크처럼 보이는
약간만
고쳐 볼까?

유사 라벨을 멋대로 붙이는 거지.
어흠~어흠!
인증마크에서
달라진 부분을
찾아봐!

그러니까 그린워싱을 한 제품이나 서비스,
정책들은
이히~

위와 같은 7가지 죄악 중 하나 또는 두세 개씩
중복으로 해당하는 것들이야.
①
②
③

또 심각한 환경오염을 야기하는 기업이
소액의 환경기금을 운영하면서 그린기업이라고
광고한다거나,
콸콸콸
크크~
우리는
환경보호도
합니다!
콸콸~

환경문제 해결에 기여하는 재단 같은
것을 설립하여 활동하는 것도
에코
재단

일종의
그린워싱이라고
할 수 있단다.

그들은 좋은 일을 하고 있다는 이미지도 얻고,
세금 감면까지 받는 일석이조의 효과를
노리는 거야.
와아
와아
세금

자신들이 지구환경을 오염시키거나
기후변화를 야기하면서 이익을 보는 부분에 대해 솔직하게 인정하고,
그 행위 자체를 줄이려고 노력한다면
그린기업이라고 할 수 있을지도 모르지.
폐수와 온실가스 배출을 많이 줄였어요!
그린기업
잘했어요~, 인정!
하지만 그런 시늉만 하는 기업은 오히려 더 괘씸한 악덕기업이 아닐까?
히히히
친환경
자연사랑
이런 기업들의 속임수를 제지할 수 있는 다양한 방법들이 있는데,
그중 하나는 그린워싱 기업에게 상을 주는 거야.

실제로 '그린워싱 상'을 개최하고 있는 CorpWatch는,

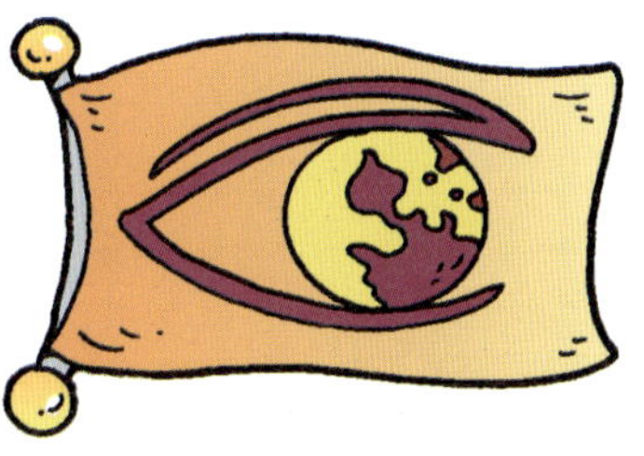

CorpWatch : 미국 기업감시 시민단체.

환경단체인 'EarthFirst'도 '기후변화 그린워싱 상'을 주고 있지.

극소수의 재생가능 에너지에 투자하면서 기후변화 대응 기업이라고 주장한 BP라는 석유회사도 이 상을 받았어.

전 세계 220개 소비자단체를
대표하는 국제소비자기구에서는
'나쁜 기업상'을 선정하는데,

CONSUMERS INTERNATIONAL

예를 들어, 아우디라는 자동차 회사는 자신들이 제조하는
디젤 자동차를 실제와 다르게 친환경적이라고 광고해
나쁜 기업으로 선정되었지.

부르릉
Audi
나쁜 기업
우리 차는
환경에
좋은
차입니다.
거짓말하지
말고 이거나
받아요!
CONSUMERS INTERNATIONAL

따라서 정부는 그린 워싱에 관한 규제를 강화하고,
소비자들을 보호할 필요가 있어.

정부
치이~
정보

또 진짜 친환경 제품이나
서비스에 관한 정보가 원활히
제공될 수 있도록 다양한
매체를 고안하는 것도 좋겠지.

국가 공인의 인증제도를 두거나,
친환경성을 평가해 발표하거나,
친환경 인증서
정부

그린 제품들에 관한 정보를 쉽게
접할 수 있는 웹사이트,

방송 등을 활용할 수도 있고
말이야.

소비자들이 직접적으로 그린워싱 기업들을 혼내 주는 방법도 있어.
그게 뭐예요?
속닥 속닥
아하! 막 때려 주는 거죠?
보이콧(boycott)을 하는 거지.
보이콧수영?
'보이콧'이란 좁은 의미로 특정 회사의 제품이나 서비스를 구입하지 않는 집단적 행위, 즉 불매운동을 말하고,
넓은 의미로는 부당한 행위에 대항하기 위하여 정치·경제·사회·노동 분야에서 조직적·집단적으로 벌이는 거부운동을 말해.
그 회사 제품은 이제 안 살거예요!
회사
흥!
…
어휴~
!
물론 기업 스스로도 변화해야 해.
변화
그린워싱 기업이 늘어날수록 친환경 제품에 대한 소비자들의 신뢰가 떨어지고,
친환경
믿을 수가 있어야지~.
나아가 기업에도 불리하다는 점을 깨달아야 해.
친환경
에이- 안 사!

또한 제품의 제조공정이 미치는 환경적 영향을 충분히 이해하고 개선해 소비자에게 충분한 정보를 제공하기 위해 노력해야 하지.

예를 들어 지자체나 정부가 생태공원이나 산책로 개발 계획을 발표하면
생태공원
땅값을 올리려는 사람들의 로비에 의해 생겨난 정책은 아닌지
후후~
100 00
비판적으로 볼 수 있는 능력이 필요해.
생태공원
또한 재생가능 에너지를 장려하겠다는 정책을 발표한다면
재생가능 에너지 정책
실행 예산은? 구체적인 목표는?
단순히 생색내기 사업인지 아닌지 따져볼 수 있어야 해.
그렇다면 개인들은 어떻게 해야 그린워싱 제품들을 피하고 현명한 선택을 할 수 있을까?
사실 포장된 제품을 가려내기는 쉽지 않아.
?
어떤 게 진짜야?
꼬응~
어떤 물건이든 낭비하지 않고 적당히 사용하는 게 제일 쉬운 방법이지.
돌돌돌

그리고 제품을 고를 땐 되도록 친환경 마크나 탄소배출량 마크, 공정무역 마크 같은 공인된 마크를 선택한다면 좋겠지.
외워 두자!
기후변화대응
000g
CO2
탄소 배출
유기농산물
FAIRTRADE
친환경

평소에도 내가 쓰는 물건들이 지구 생태계에 미치는 영향에 대해 관심을 갖는다면 교묘한 그린워싱을 가려낼 수 있는 판단력이 생기지 않을까?.
흥! 이제는 안 속아!

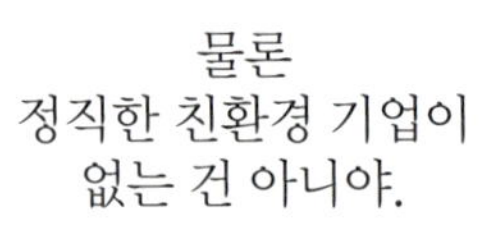

물론 정직한 친환경 기업이 없는 건 아니야.

유기농 원료로 목욕용품을 만드는 '아베다'의 경우,
AVEDA
AVEDA
AVEDA
AVEDA

모든 제품을 100% 풍력발전기의 에너지로 생산하고 있지.
AVEDA

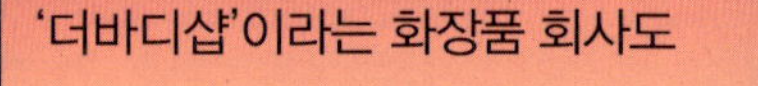

'더바디샵'이라는 화장품 회사도
제품 개발을 위해 동물실험을 하지 않겠다고 선언하고,
THE BODY SHOP
원자재의 일부를 경제적 낙후 지역의 소규모 생산자로부터 구매해 지원하고 있어.

세계 최초로 하이브리드 승용차를
만든 '도요타'는

지역의 숲을 가꾸고, 어린이들을 위한 학교를
운영하고 있고 말이야.

'지구를 위한 1%'라는 단체에
가입된 전 세계 1,400여 개의
기업들은
1%
FOR THE
PLANET.

자신들의 전체 수익금의
1%를 기부하고 있는데,
이 돈은 2,600여 개의
비영리단체들을 지원하는 데
쓰이고 있지.
수익금1%
비영리
단체

한편 지구의 지속가능성에 기여하는 활동 자체를
사업으로 해서 수익을 내는 기업도 있어.
바로 이거야!
사회적기업
이들을 '사회적 기업'이라고 부르지.
사회적 기업이란 '사회적 목적을
우선적으로 추구하면서 영업활동을
수행하는 기업 및 조직'을 말해.

이러한 기업은
단지 이윤만을
추구하는 것이 아니라
사회적으로 필요하지만
일반 기업들이
잘 하지 않는 사업을 하지.
예를 들어, 장애인들이나 어르신들이 할 수 있는
일자리를 찾아서 제공하는 기업,
결식 이웃들에게 도시락을 만들어 배달하는
도시락 업체, 공정여행사 같은 것이지.
밀반찬
요리 강좌
이런 기업들 중에는
진짜 그린을 위해
노력하는 회사들도
많아.
영국의 'Green Works'는 쓰레기로
버려지는 많은 사무용 가구를 재활용하여
새로운 가구를 만들어 저렴하게
판매하면서
GREEN WORKS
제 3세계 국가에 무료로
재활용가구를 기증하고 있어.
짤랑
짤랑

한국의 '아름다운 가게'는 물건을 재사용하고
순환시키는 나눔 가게를 운영하면서
아름다운 가게
도움의 손길이 필요한 개인과 단체들의
공익활동을 지원하고 있지.
수익금
부릅
똘방 똘방
초롱 초롱
지구의 지속가능성에 기여하는
정직한 기업과 정부정책을
가릴 수 있는 안목이
여러분에게 있다면,
그래서 그런 좋은 사업을 칭찬해 주고
격려해서 활성화된다면,
그린사업
겉으로만
그린인 척하는
기업이나 정책 등에도
차츰 변화가
생기지 않을까?
이제 속임수는
지우고, 정직하게
물건을 만들 거야.
벅! 벅! 벅!
환경정의

미디어가 전하는 환경 메시지

　여러분은 어떻게 환경 관련 정보를 얻고 있는지 생각해 본 적 있나요? 학교에서 수업시간에 배우기도 하고, 주변의 어른들에게 이야기를 들어서 알게 되기도 하죠. 이렇게 사람들과의 직접적인 접촉을 통해 정보를 얻기도 하지만 대부분의 경우, 불특정 다수에게 수신되는 미디어를 통해 정보를 얻고 있을 거예요.

　우선, 뉴스나 신문, 포털 사이트의 기사는 가장 일상적인 정보의 출처예요. 매일 벌어지는 크고 작은 환경 관련 정보가 즉각적으로 제공되고 있죠. 그러나 이슈에 민감하고 빠르게 전파되기 때문에 종종 표면적인 내용만을 다루는 경우도 있어요. 한편, 요즘은 생태나 환경문제를 다루는 다큐멘터리도 많이 제작되고 있는데, 다큐멘터리는 장기간의 취재와 자료조사를 통해서 좀 더 깊이 있는 정보를 다룰 수 있어요. 스토리텔링을 활용하기 때문에 이해하기 쉽고, 감정이입을 하기도 쉬워서 잘 만든 환경 다큐멘터리는 사람들의 인식을 변화시키는 데 효과적이죠.

　영화나 애니메이션은 어떨까요? 영화에서는 극적인 설정을 위해 환경재앙을 배경으로 하는 경우가 많아요. 핵전쟁으로 멸망한다거나 해수면이 높아져서 지구의 대부분이 물바다가 된다거나 하는 경우죠. 상상력을 바탕으로 환경에 대한 위기감을 실감나게 그리는 영화들을 보면서 사람들은 단지 영화일 뿐이라고 대수롭지 않게 생각하고 말까요? 그렇지 않은 경우가 많을 거예요. 보통 사람들이 인류의 미래에 부정적이거나 긍정적인 이미지를 형성하는데 영화와 같은 미디어가 알게 모르게 큰 영향을 주고 있는 거죠.

전 세계 곳곳에서 지진, 화산폭발, 거대한 해일 등 각종 자연 재해들이 발생해 최후의 순간이 도래한다는 내용의 영화 〈2012〉.

　　환경 관련 포스터나 스티커도 많이 봐 왔을 거예요. 구체적인 정보를 제공하기 위해 혹은 특정 캠페인을 위해 많이 활용되는 것들이죠. 때로 이런 다양한 미디어를 통해 강렬한 이미지와 문구로 주의를 환기시키거나 강한 메시지를 전달하기도 한답니다. 환경문제 해결을 촉구하는 시위에서 볼 수 있

환경오염의 위험을 알리는 그린피스 포스터.

는 피켓들도 자신의 주장을 알리고, 사람들을 설득하기 위해 사용되는 미디어라고 할 수 있겠죠.

　　미디어는 정보와 메시지를 전달하는 매체로써 그 나름의 문법을 갖고 있어요. 초록 잔디와 숲, 맑은 물, 행복한 어린이, 뛰어 노는 야생동물과 같은 이미지는 환경의 소중함이나 친환경적인 상품을 광고하기 위해서 주로 사용되고 있죠. 반면, 불타고 있는 지구나 잠겨 버린 도시, 기형적인 인간의 모습 등 기후변화의 심각성이나 에너지 위기를 알리기 위해 사용되는 부정적인 이미지도 있어요. 이렇듯 환경에 관해 극단적으로 절망적이거나 반대로 유토피아와 같은 희망의 이미지로 가득한 상반된 미디어에 대해 균형감각을 가질 필요가 있어요. 그 어느 때보다도 다양한 환경 정보들을 해석하고 활용할 수 있는 능력이 중요해지는 시대엔 말이죠.

9장 지구의 미래를 위한 환경정의

청정에너지인 원자력발전소를
추가적으로 건설하기로 한 것입니다.

잠깐!
원자력이 청정에너지인가는
논란의 여지가 많다구!

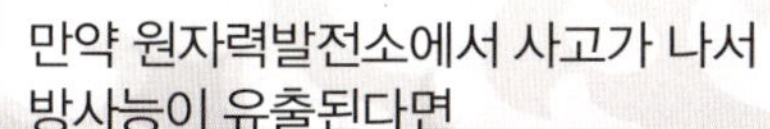
만약 원자력발전소에서 사고가 나서
방사능이 유출된다면

엄청난 인명 피해가 생겨나는 것은 물론,
주변 생태계가 파괴되겠지.
기형
피폭

인명 피해가 없더라도 주변 지역이 광범위하게
방사능으로 오염되어

주민들은 다른 곳으로 이주해야 해.
뚜뚜뚜~

그러나
이건 자주 일어나는
사고는 아니고,
지금까지 한국에서
심각한 원자력 사고가
일어났던 적은 없어.
덜덜
○○

자, 여러분은
어떤 결정을
내리게 될까?

상황을 좀 더 구체적으로 생각해 볼까?
만약 우리 동네 사람들은 원자력 발전소 유치 여부를 주민투표로 결정하자고 제안했지만 정부가 이를 받아들이지 않는다면?
반대
반대
정부
반대는 안 됩니다!

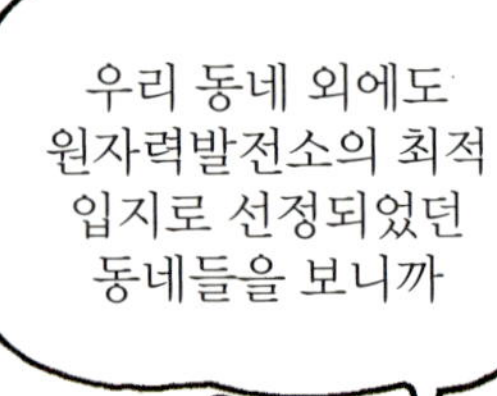

우리 동네 외에도 원자력발전소의 최적 입지로 선정되었던 동네들을 보니까

주로 노인들이 사는 시골이거나

이주 노동자들이 많이 사는 지역이라는 공통점이 발견되었다면?

이런 곳은 대도시와는 달리 전기에너지 수요가 매우 적은 곳이야.
즉 원자력에너지가 절실하게 필요하지 않는 곳이지.

반면, 서울과 수도권은 한국에서 생산되는 총 전력의 절반을 소비하고 있지만 생산하는 에너지는 적지.

게다가 원자력 발전소가 들어오는 불이익을 보상하기 위해 지역 주민에게 주어지는 인센티브도 충분하지 않다면?
이… 이게 다야?
불이익
인센티브
세금 감면
일자리 창출
복지시설 확충
경제 활성화와
복지를 위한 지원책

일단 노인이나 이주민들과 같은 사회적 약자들이 많은 지역에 사회적 혐오시설을 설치한다는 것도 공평하지 않아.

두 번째로, 환경적으로 중대한 결정의 영향을 받는 지역 주민들이

그 정책결정 과정이나 절차에 참여할 수 있어야 한다는 '절차적 정의'에 어긋나지.

정책결정

거주지, 학교, 일터를 건강한 환경으로 만들기 위한 의사결정 과정에 있어서

같이 의논해 봅시다.

누구나 동등한 권리를 갖고 있어.

권리
권리
권리

그 권리를 올바로 행사하기 위해서는 관련된 정보가 공개되고,

시민이 그 정보에 접근할 수 있어야 할 뿐 아니라,

자신의 의사를 표현하고 결정내릴 수 있는 체계가 필요하지.

분배적 정의

정보

아야!

찬성

반대

절 차 적 정 의

이러한 절차적 정의는 그 자체로 달성되어야 하는 가치가 있는 정의이면서 동시에 분배적 정의가 가능하도록 만드는 전제이기도 해.

그런데 분배적 정의와 절차적 정의가 모두 충족된다면
원자력발전소 건설을 둘러싼 부당함이 모두 해결될까?
당연히 내가 있어야지!
앞에서 말한 것들은 이미 '원자력발전소는 세워져야 한다'는 사실을 전제하고 있어. 원자력 발전소가 생산해 내는 이익과 발생시킬 수 있는 폐해,

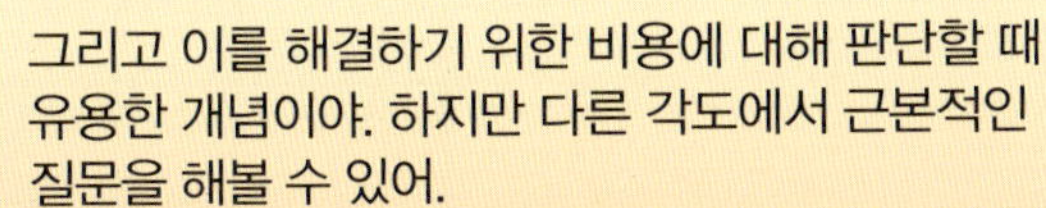

그리고 이를 해결하기 위한 비용에 대해 판단할 때 유용한 개념이야. 하지만 다른 각도에서 근본적인 질문을 해볼 수 있어.
탁
원자력발전소가 존재한다는 것 자체가 애초에 불평등한 것은 아닐까?

중저준위 방사성 물질은 반감기가 200년~300년, 사용 후 핵연료는 반감기가 1만 년 이상이나 돼.

중저준위 방사성 물질 : 원자력발전소에서 사용된 폐필터, 폐윤활유 등의 폐기물과 작업복, 장갑, 부품 등 방사능 함유량이 미미한 폐기물.

이렇게 오랫동안 치명적인 위협이 되는 폐기물을 만드는 것 자체가 문제가 아닐까?
어떤 사람들은 원자력발전소가 생존권적 기본권의 하나인 환경권, 즉 '모든 국민은 건강하고 쾌적한 환경에서 생활할 권리'를 침해한다고 해석해.
환경권

이것은 환경에 관한 '실질적 정의'라고 말하지.
실질적 정의를 중요시 여기는 사람들은 원자력발전소가 아닌 다른 대안 에너지를 찾고, 전기에너지 소비량을 줄이는 방안을 찾기 위해 노력하지.
환경권

막대한 원자력발전소 건설비용을 대안 에너지를 활성화하는 예산으로 돌릴 것을 요구하고 말이야.
이쪽에 돈을 씁시다!

또한 "내 뒷마당에는 안 된다(Not in my backyard: NIMBY)."라고 말하는 것이 아니라,
"누구의 뒷마당에도 안 된다(Not in anybody's backyard : NIABY)."라고 말하지.
No

나의 환경권뿐만 아니라 우리의 환경권을 생각하는, 보다 포괄적인 차원의 노력이라고 할 수 있어.
환경권

반면, 환경자원의 이용과 보존을 통해 발생하는 이익과 그로 인한 피해가
사람들이 처한 사회적이고 생물학적인 상황에 따라 불공정하게 배분되는 것을 '환경부정의'라고 해.
이익
피해
이익→
피해
환경부정의를 사회문제로 크게 대두시킨 건 1980년대 미국의 워렌 카운티라는 지역이야.
유해화학폐기물을 매립하는 주(州)의 조치에 주민들은 반대한다!

상수원과 가까울뿐더러

법적으로도 폐기물 매립지 설립이 허용되지 않는데도
안 돼요!
법

이곳에 매립장이 들어서는 이유는
주거 주민의 84%가 흑인이고, 20%가 빈곤한 사람들이기 때문이라고 주장했지.
우리가 약자라서 만만한 거죠?

주민들은 소송을 제기했지만 패소했고,
땅 땅땅

평화로운 시민불복종운동을 전개했지만 많은 사람들이 체포됐어.

주민들은 매립을 저지하는 것은 실패했지만,
전국적인 관심을 끌면서 환경정의에 관한 본격적인 논의를 일으키는 계기가 됐지.
환경 정의

그 뒤로 여러 연구자들을 비롯한 시민사회단체들은 사례 조사와 연구를 통해서

상업적 유해폐기물 처리장의 입지 결정에 주된 요인이 인종이며,

빈민과 유색인 지역사회는 건강 위험으로 더 많이 고통 받고 있다는 사실을 밝혀냈어.

그 후에 인종뿐만 아니라 계급이나 성 차이에 의해서 생겨나는 환경부정의를 밝히고,

개선을 위해 노력하였으며, 결국 미국 정부의 법과 정책에 반영되었지.

1994년 빌 클린턴 미국 대통령은,
'소수자 집단과 저소득층의 환경정의를 위한 연방행동'이라는 대통령령을 공포하게 되지.

환경부정의

환경부정의는 단지 인종과 계급 사이의 문제만이 아니라,
국가 간의 상황으로 오래 전부터 계속되고 있어.
강한 나라가 약한 나라의 자원을 차지하기 위해 침략하는 것은 아주 대표적인 국가 간 환경부정의라고 할 수 있지.

한국도 일제강점기 때 많은 자원을 약탈당했지.
호흑~, 나라 잃은 슬픔이 이리 크구나.
으흐흐~
꽈악

최근에는 다국적기업에 의한 국제적인 환경부정의 사례가 많아.
예를 들어, 가난한 제 3세계에 선진국의 독성 강한 폐기물을 수출하는 것,

토착의 생물종을 몰래 채취하는 것,

심지어 이러한 생물자원을 바탕으로
신약 등을 개발하여 특허권을 받은 후,
원주민들에게 사용을 금지시키는 일도 있어.
특허
안돼!

부족의 신성한 토지에서 자원을 채취하거나 자연을 오염시키는 일,

초콜릿 농장에서 벌어지는 어린이 노동 착취,

자국의 식량이 부족한데도 농장주들이 선진국에서 사용될 바이오매스를 생산하는 일까지도
꼬르륵~
넓게 보면 환경적으로 부정의하다고 할 수 있겠지.
최근에는 기후변화로 인해 보다 광범위하게 환경정의의 문제가 제기되고 있어.
콜록!
으윽~
우선, 기후변화의 원인 제공자와 피해자가 아주 다르다는 게 문제야.

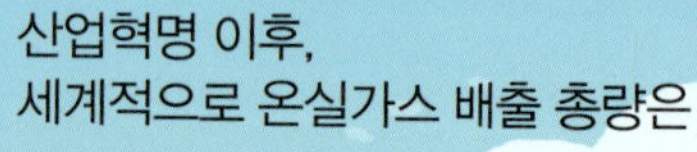

산업혁명 이후, 세계적으로 온실가스 배출 총량은

미국, 중국, 유럽이 50%를 차지하고,

일본, 인도, 캐나다, 한국, 호주 등이 30%를 차지했어.

그리고 나머지 173개국이 배출해 온 온실가스의 양은 전체의 20% 정도에 불과해.
개도국

소위 선진국이 개도국보다 기후변화에 명확한 책임이 있다는 거야.
온실가스
선진국
개도국

그런데 기후변화에 의해 더 많은 피해를 입는 것은 개도국이야.

자연재해로 인해 영향 받는 사람들을 비교해 보면,
선진국은 1만 명당 5명꼴인 반면, 개도국은 19명당 1명이라고 하니까 말이야.

기후변화로 인해 영향을 받는 산업은 농수산업인데,

개도국일수록 이러한 1차 산업이 큰 비중을 차지하고 있기 때문에

기후변화로 인한 경제적 타격도 상대적으로 더 클 수밖에 없겠지.
기후변화
으악!
또한 개도국일수록 재난으로부터 회복하는 힘도 훨씬 부족해.

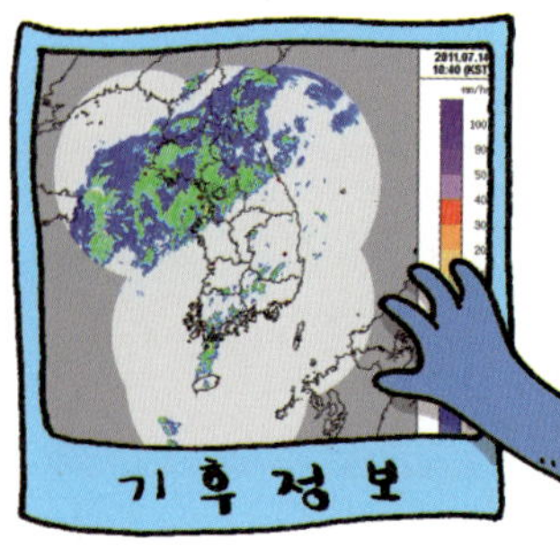

기후와 관련된 정보의
접근성도

그래서 토착민과 원주민들의 대표자들과 풀뿌리 조직들은 세계적인 네트워크를 구성하여
'기후정의운동'을 전개하고 있어.

또한 기후정의는 한 세대의 범위를 뛰어넘는 쟁점이기도 해.
현재
미래
기후정의
1987년 세계환경발전위원회는
WCED
'우리 공동의 미래'라는 보고서를 통해
우리 공동의 미래
'지속가능성'이라는 중요한 개념을 제안했어.
환경
사회
경제
현 세대의 사회경제적 활동이 미래 세대들의 욕구를 충족할 수 있는 능력을 위태롭게 하지 않아야 합니다.
그러니까 현 세대가 자원을 이용하고, 환경에 부담을 지우는 행위가
현세대
미래 세대의 능력을 축소시키는 것은 옳지 않다는 거야.
미래세대
하지만 지금의 기후변화는 미래 세대에게 심각한 영향을 미칠 수 있고,
미래
핵폐기물 역시 아주 먼 미래 세대까지 그 위험 부담을 떠맡기고 있어.
이런 것들이 기후정의 관점에서 봤을 때 문제가 된다는 거야.
기후변화
펑
기후정의

환경을 둘러싼 부정의는 환경의 문제이기 이전에 사회의 문제이기도 해.
인간 사이의 불평등한 구조에 의해서…
환경문제가 인종, 계급, 성, 국가별로 다른 영향을 끼치기 때문이지.
우훗
으악!
환경
문제를 해결할 수 있는 역량을 강화해 새로운 지역 공동체를 지향하기도 하고 말이야.
시민권
환경정의운동
그래서 환경정의 운동은 새롭게 등장한 환경운동이라기보다는 새로운 시민권운동이라고 생각하는 사람들이 있지.
지역운동
원주민운동
환경정의 운동
이민자 권리 운동
다양한 시민운동과 함께 해온 환경정의운동은 1990년대 들어 더욱 활발하게 전개되지.
1991년 제 1차 전국 유색인종 환경지도자 정상회의

이렇듯 환경정의운동은 지역운동, 원주민운동, 이민자 권리운동 등
다양한 시민운동과의 결합력이 커.

1. 환경정의는 어머니 지구의 신성함과 생태학적 통일성, 모든 종의 상호결속, 그리고 생태파괴로부터 자유로울 수 있는 권리를 승인한다.

2. 환경정의는 공공정책이 모든 인간에게 호혜적 존중과 정의에 근거하기를 요구하며, 어떤 형태의 차별과 편견에서도 자유로울 수 있기를 요구한다.

3. 환경정의는 인간과 다른 생명체가 지속적으로 이 행성에서 살 수 있도록 땅을 윤리적이고 균형 있게, 그리고 책임 있게 사용할 권리를 명한다.

4. 환경정의는 하늘과 땅, 물, 식량을 맑게 할 근본적 권리를 위협하는 핵 실험과 폐기물, 유해폐기물 및 유독물질 처리에서 보편적으로 보호받을 것을 요구한다.

5. 환경정의는 모든 인간이 정치적, 사회적, 문화적, 환경적 문제를 스스로 결정할 수 있는 근본적 권리를 승인한다.

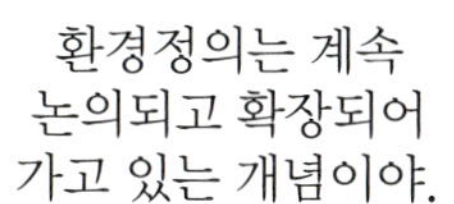

환경정의는 계속 논의되고 확장되어 가고 있는 개념이야.

환경정의는 '나—환경'의 관계뿐만 아니라, '너—환경' 그리고 '우리—환경' 관계에 관한 판단과 결정에 중요한 기준을 마련해 주고 있지.
나
너
우리

그런데 환경정의에서 말하는 '우리'의 범위는 어디까지 넓어질 수 있을까?
인간이 아닌 다른 생물종에게도 환경정의에 입각한 지구 생명체로서의 권리와 권한이 설정될 수 있을까?
우리는?
환경정의

웬쯔라는 학자가 다음과 같은 가설적 상황을 제안했어.

상상해 봅시다!
당신이 한 행성으로 이주를 하게 되었다.

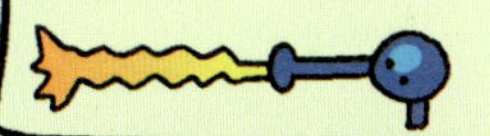

그 행성에 내리기 전에 전자 빔을 쐬는 절차를 밟아야 한다.

이 빔을 쐬면 당신은 어떤 인종, 계급, 성이 될지 모를뿐더러

어떤 동물로 변할지도 모르는 상황이다.

이 빔을 쐬기 전에 당신들은 이 행성의 규범과 사회제도가 어떠해야 하는지 합의를 볼 수 있다.
합의

이런 상황에서 모색할 수 있는 이 행성의 정의는 어떤 모양일까?
음…

여러분이라면 어떤 제안을 할지 궁금해.

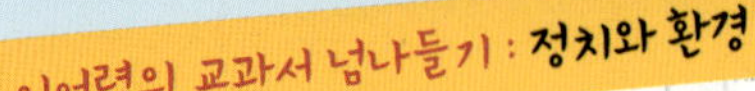

기후변화 대응 놀이를 하자

　환경 문제를 촉구하는 환경운동가 또는 현재 인간중심 문명의 폐해를 비판하는 생태주의자라면 어떤 이미지가 떠오르나요? 전기코드를 뽑아라, 물을 아껴라, 육식을 줄여라, 야생동물을 보호하라고 끊임없이 외치는 잔소리쟁이? 국가의 중요한 개발사업을 반대하는 과격한 사람들? 기업과 정부에 친환경제도를 도입하라고 압박하는 비판적인 사람들?

　환경주의자들은 현재의 상황을 비판하고, 대안을 찾을 것을 요구하기 때문에 그런 부정적인 이미지로 보일 수도 있을 거예요. 하지만 정말 그럴까요? 환경문제를 해결하는 과정이 참고 견디고 억제하는, 불편하고 괴로운 실천이기만 한 걸까요? 천만의 말씀이에요. 많은 친환경적인 사람들은 생태친화적인 삶이 행복하기 때문에 자발적으로 실천하고 있는 거랍니다. 텃밭에서 갓 딴 채소로 요리한 음식의 맛, 바람을 가르며 자전거를 타는 상쾌함, 손수 조립한 태양광발전기로부터 전등을 켜는 뿌듯함, 벼룩시장과 헌책방에서 보물을 건지는 짜릿함 같은 것을 즐기는 거죠. 그들에게 친환경적인 실천은 하기 싫은 숙제가 아니라 놀이에 좀 더 가까울지도 몰라요.

　그런데 그런 놀이는 같이 하면 더 재미있지 않을까요? 도시의 버려진 빈 공간에 함께 꽃과 나무를 심어서 가꾸고, 태양광 조리기를 만들어 필요한 사람들에게 선물하고, 함께 모여서 면생리대 바느질을 하고, 서로 필요

삭막한 도시에 투하할 씨앗폭탄 만들기
(출처 : Lush USA_MemineCaroline_Natural Home Magazine)

한 물건이나 서비스를 돈 없이 교환하는 것 등등을 말이죠. 그런 활동을 함께 하면 정보도 교환할 수 있고, 혼자서 하기 어려운 친환경 미션도 달성할 수 있죠. 무엇보다도 좋은 것은 지속적으로 서로를 격려할 수 있는 멋진 친구를 사귀는 일일 거예요.

시위 중인 그린피스. ©Guillaume Paumier

때로 이 놀이는 정치적인 직접 행동으로 발전하기도 하죠. 특정 생태계 개발을 멈추라는 메시지가 담긴 포스터나 동영상을 제작해서 배포하기도 하고, 다른 나라의 난민을 돕는 후원 음악회를 기획하고, 거리에서 가면을 쓰고 시위를 하고, 환경정책을 펼치는 정치인에게 투표를 하라고 퍼포먼스를 하기도 하죠. 보다 많은 사람들에게 알리고, 보다 폭넓은 참여를 권유를 하는 거예요.

오늘날 기후변화로 대표되는 환경위기의 원인은 한 가지로 규명할 수 없어요. 또한 단지 '나로부터의 실천'만으로 해결할 수 있는 것도 아니죠. 현재의 환경위기를 초래한 원인을 성찰하고 삶의 양식을 새로 짜는 것, 공동의 대안을 만들어 나가는 것, 즉 생태적인 정치가 필요하답니다. 그런데 다행히도 그 과정은 괴롭고 귀찮은 일만은 아니에요. 인류가 상상력이라는 긍정에너지를 가동시키는 일을 주저하지 않고, 함께 어울려서 변화하는 즐거움을 잊지 않는다면 말이죠.

10장 기후변화의 위기를 기회로
이번엔 특별하게 디자인된 집 하나를 소개하지.
이 집은 영국의 한 대학에서 선보인 '기후변화 대비 추천 집'이야.
오존 구멍대비 차양막
가뭄대비 대형 빗물통
대기오염대비 공기 정화기
해수면 상승대비 자가용 보트
빠지직
이 집에는 해수면 상승대비 집을 들어 올리는 장치가 다리처럼 달려 있어. 가뭄에 대비하는 커다란 빗물통과 공기 정화기도 있고,
환경이 악화되어 출몰할지 모르는 야생동물과 난민 침입을 방지하기 위한 전기철조망도 둘러져 있더군.

금고에는 지구 탈출용 우주 여행권이 있다는데,

지금처럼 기후변화가 계속된다면, 그런 여행권 하나 마련해두는 편이 좋을지도 몰라.
탈출여행권

이 집의 이런 특별한 기능은 기후변화로 벌어질 수 있는 최악의 사태를 반영한 거야.
까악
기후변화

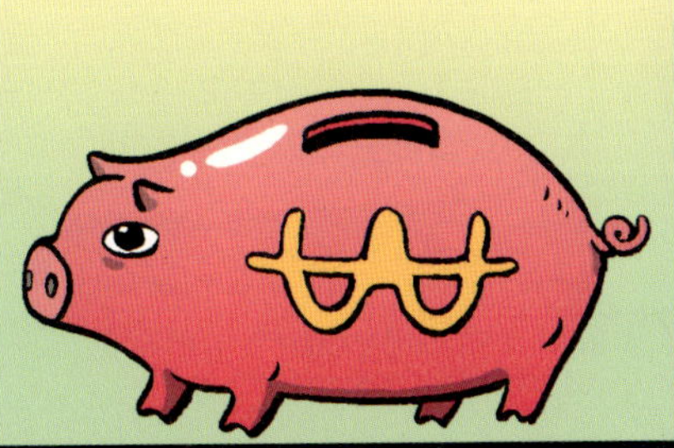
기후변화에 대비할 수 있는 이런 집을 구하기 위해서 지금 당장 저축을 해야 될까?

아니면 집안의 가전제품들을 에너지 효율 1등급으로 교체한 뒤,
1등급

기후변화가 완화되기를 바라면 될까?
비나이다~ 비나이다~

사람들은 기후변화라는 엄청난 사태에 어떻게 대처해야 할지 잘 몰라서 난감해 하지.
다 하늘의 뜻 아니겠어?
당장 뭘 어떻게 해야 할지 모르겠어.

이제부터 우리 함께 생각해 보자.
와락
으?

지구의 기후는 계속 변해 왔어.
예를 들어, 지난 70만 년 동안에는 약 10만 년에 한 번씩 빙하기가 찾아왔었지.
4℃
0℃
-4℃
-8℃
70만 년 전   60만 년 전   50만 년 전   40만 년 전   30만 년 전   20만 년 전   10만 년 전   현재
여기 그래프를 봐!

화산폭발이나 태양의 변화 같은 자연적인 요인에 의해서도 기후변화가 일어나는데,
요즘 지구인들이 걱정하는 것은 인간의 활동에서 비롯된 기후변화야.
화석연료를 사용함으로써 대기 중의 온실가스가 증가되어 지구의 평균 기온이 올라가고 있는 것 말이야.
인간이 발생시키는 주요 온실가스는 이산화탄소, 메탄, 프레온가스, 아산화질소이고, 이 중 으뜸은 이산화탄소지.
18세기 중반 산업혁명이 시작된 이후, 화석연료 이용과 시멘트 생산으로 수십억 톤의 이산화탄소가 대기로 배출되었어.
인간의 활동 중에서 가장 많은 온실가스를 배출하는 부문은 '에너지 공급'이야.
CO₂
PFC₅
N₂O
N₂O
CH₄

2007년 IPCC(기후변화에 관한 정부간 패널)는 4차 특별보고서에서
기후변화는 '이미 일어나고 있는 현상'이며,
'인간 활동에 따른 결과'라고 했어.
iPCC
기후변화
영차~ 영차~
1906년 이후 100년간 지구의 평균기온은 0.74도 상승했고,
한국은 지난 94년 동안 1.5도가 상승했다고 해.
어휴~ 더워~
고작 1도 정도갖고 웬 호들갑이에요?
어어~? 고작 1도가 아니야!
지구 전체로 보면 1도를 올리는 에너지는 엄청난 데다, 이에 따른 지구 시스템의 변화는 매우 크다고.
와르르
벌써 북극의 빙하가 많이 녹아 버렸고,
홍수와 가뭄과 같은 자연재해가 보다 강도 높고 빈번하게 일어나고 있지.
어어!

지금보다도 1도가 더 올라가게 되면 어떻게 될까?
자연재해의 피해가 더 커질 뿐만 아니라,

산불 위험이 증가되고,

농업 생산량이 감소하며,

생물종의 서식 범위가 변화하지.

3도까지 상승하면 가뭄이 더 심해질 거야!
그렇게 되면 생물종 중 최대 30%가 멸종위험에 처하게 되고,
멸종

질병의 위험성이 점점 높아지지.
콜록― 콜록―

4도까지 상승하면!
지구 곳곳에서 상당한 멸종이 발생할 거야.
멸종
비틀 비틀

하아아악
만약 6도까지 올라가면 지구의 생태계가 거의 파괴될 수도 있는 심각한 상황이야!
털썩

기후변화의 심각성을 인식한 지구인들은 대책을 마련하기 시작했어.
큰일 나겠어!
콜록~콜록~
'교토의정서'는 유일한 국제적인 기후변화 협약인데,
온실가스를 많이 배출하는 37개국과 유럽연합이
2008년~2012년 동안 1990년 수준보다 배출량을 5% 낮추어야만 하는 구속력 있는 협약이지.
우리 선진국들부터 온실가스를 줄입시다!
꽈악!
으샤~으샤~
지구를 살립시다!
교토의정서는 2012년에 시한이 만료되기 때문에,
난 여기까지야. 안녕~!
교토의정서
2012년
2011년 유엔 기후변화협약총회에서는 새로운 협약을 생성하려고 논의했지.
그럴 필요 있나요? 새로운 협약은 2015년에 마련하죠.
2020년에 가서야 발효되도록 결론 내리는 게 어때요?
결국 기후변화의 심각성에 비해서 너무 안일한 대응이라는 비판을 받았지.
하아~하아
더구나 교토의정서에 참여하지 않았던 미국, 중국, 인도 등에 이어서
국익에 맞지 않아요!
기존에 참여했던 일본, 러시아, 캐나다마저 2013년부터 교토의정서에서 사실상 탈퇴하기로 했지.
우리도 더 이상 안 할래요!
교토의정서

전 세계 온실가스 배출량의 60% 이상을 차지하는 국가들이 기후변화협약인 교토의정서에서 탈퇴를 한 셈이야.
온실가스 배출을 줄이려면 기존의 경제체계와 정책을 변화시켜야 하는데,
그런 노력을 부담스러워하는 것이지.
칫!
하지만 새롭게 만들어질 협약에서는
새로운 협약
미국과 그동안 면제됐던 개발도상국가들도 참여하겠다는 약속했으니,
선진국
개발도상국
그 약속이 실천으로 이어질 수 있도록 국제사회의 여론을 형성하고 적극 요구해 나가야겠지.
다함께 참여 합시다!
그럼 기후변화를 해결할 수 있는 구체적인 방법을 생각해 보자.
지구인들은 현재 크게 '적응'과 '완화'의 전략을 짜고 있어.
적응
완화
우선 기후변화 적응이란, 현재 혹은 미래에 변화하는 기후에 대처하기 위한 행동이야.
부족한 물을 보다 효율적으로 이용하고,
농작물을 변경하거나, 질병이 확산되는 것에 대처하는 약품을 개발하고 예방하는 것 등이 있지.
홍수 방벽을 쌓거나,

한편, '완화'는 보다 적극적으로 기후변화를 막아내려는 행동으로,
온실가스 배출 자체를 줄이고,
숲과 같이 탄소를 흡수할 수 있는 생태계를 늘리는 것이야.
완화
턱
'기후중립'은 기후변화 완화를 위한 가장 강력한 행동인데, 온실가스 순 배출을 0(zero)으로 하는 것을 말해.
기후중립
CO2
하지만 온실가스를 아예 배출하지 않는 것은 어렵기 때문에 우선 온실가스 배출을 최대한 줄이고,
이미 배출된 부분을 상쇄하기 위해 온실가스를 감소시킬 만한 일을 하는 거지.
온실가스
흡수하자!

청정개발체제(CDM) : Clean Development Mechanism.

이것은 교토의정서에 가입한 산업국가들이 개도국의 온실가스를 감소시킬 수 있는 프로젝트에 투자를 하는 거지.

'배출권거래제'라는 것도 있는데,
온실가스 배출권

시장을 통해서 온실가스를 줄이는 방법이야.
온실가스를 줄이자!
교토의정서
교토의정서에서 구속력 있는 감축 목표를 가지고 있는 국가들에게 먼저 온실가스 배출권을 나누어 준 다음, 이 배출권을 사고 팔 수 있도록 하는 거지.

예를 들어, A라는 나라에는 100만큼 배출권을 주고,
A
100

B라는 나라에는 70을 주었다고 가정해 보자.
B
70

A가 온실가스를 줄이는 노력으로 80만을 배출할 수 있게 되었고,
후훗~
A
80

반면 B는 산업발전을 하느라 90을 배출하게 되었다면,
아~, 넘쳤네!
B
90

이때 A가 자신에게 남은 배출권 20을 B에게 판매할 수 있도록 하는 거야.
자~, 내 걸 팔게!
A
20
B
80
여기 돈~.

그 외에도 몇몇 국가와 도시는 자발적으로 네트워크를 만들어서 노력하고 있어.
기후중립 네트워크
기후중립을 위해 힘쓸 것을 약속하면서 생겨난 '기후중립 네트워크(CN net)' 같은 것이지.
예를 들어, 뉴질랜드는 재생가능 에너지 비율을 2050년까지 90%로 늘리고,
90%
교통 부문의 국민 1인당 배출을 절반으로 줄일 계획을 세웠지.
줄입시다!
아이슬란드는 2050년까지 온실가스 순 배출량을 75%나 감축할 목표를 세우고 숲을 조성하고 있어.
75%
중국의 르자오라는 도시는 99%가 태양열 온수기를 사용함으로써
이산화탄소 배출량을 절반 가까이 감소시켰다고 해.
싹뚝!

하물며 전 지구적인 기후의 장기간 변화를
예측하는 것은 쉽지 않지.

하지만 지구의 바다와 숲과 땅에는 다양한 방식으로
이산화탄소를 비롯한 온실기체가 이미 저장되어 있는데,

기온이 올라가면서 이것들이
어디서, 어떤 식으로 방출될지
알 수 없지.
뿌우우웅
쉭
쉭

구름은 기후변화의 강도에
강력한 영향을 미치는데,

기후변화에 따라 구름이 어떻게
변할지도 정확히 모르지.

해수면 상승을 야기하는
극지방의 얼음이 녹는 양상 등도
불확실하고 말이야.

고성능 슈퍼컴퓨터도
이러한 기후 모델을
완벽하게 예측할 수 없는
상황이야.

어이구~
어지러워~
위이이잉

더구나 현재 기후모델은
시간적 범위가 21세기 말까지로
한정되어 있는데,
21세기말

22세기 이후에는 기후변화 강도와
이로 인한 영향력이 더욱 커질 거라고
예상하고 있어.
으아아아
22세기

대체 이런 불확실성을 어떻게
다루어야 할까?

우선 가장 중요한
것은 예방의
원칙이야.
예방

환경문제도 자동차 사고에
대비해 보험을 드는 것처럼
다루어야 한다는 것이야.
쿵

지구의 지속가능성을 위해서도 지구온난화
문제를 해결하기 위한 여러 가지 노력들은
반드시 필요해.
지속 가능성

지금과 같은 삶의 방식을
되돌아보게 하고,
부릉부릉
음...

지속가능한 방식으로 자원을
이용하며,
차르르륵

재생가능 에너지로 산업과
일상생활을 개편하고,

기후변화를 야기한 소위
선진국들에게 책임을 지우면서
책임
선진국

새로운 길

개발도상국이 다른 방식의
발전 계획을 수립할 수 있도록
하는 노력들이지.

둘째로, 기후변화에 관한 회의주의가 있어.

으흠..?
기후변화

몇몇의 국가와 기업, 과학자가 자신들의 입장에 유리한 방식으로 기후변화의 정보를 과장시키고 있다는 거지.
기후변화
진짠가?
이산화탄소의 대기 농도가 산업화 이전보다 두 배나 늘어났지만,
이는 지구 온실효과의 1% 증가에 불과하기 때문에
지표면 온도를 0.5도 정도밖에 높이지 않았을 것입니다.
CO₂
어떤 회의주의자는 대기 중 이산화탄소 증가량과 그것의 위험성에 대해서 일단 합의하긴 해.
CO₂
좋지 않다는 건 인정해요.

하지만 그 원인이 인간의 활동 때문은 아니에요!
자연적인 기온 상승의 결과로 이산화탄소가 증가했기 때문이라고요!
지구온난화의 원인을 좀 더 정확히 연구해야 합니다.
우리 탓이 아니에요!

또 다른 회의주의자는 지구가 더워지는 사실은 인정하지만,
후우~! 뭐~, 예전보다 조금 덥기는 하네요.

지구는 자생능력이 있고, 스스로 온도를 조절할 수 있는 충분한 시스템을 가지고 있기 때문에
끼릭 끼릭

위기는 아니라고 주장하지.
하지만 너무 걱정할 필요없어요!

그러나 현재 이런 회의주의자들은 소수이고, 충분한 과학적 근거를 확보하고 있지 못한 상황이야.
어흠흠
예헴

이런 회의주의자들의 대부분이 예방보다는
예방

기술의 발전과 자유시장경쟁을 통해서 기후변화의 위기를 극복하는 편이 좋다고 주장하기도 하지.
기후변화

또한 지구의 자연적인 기후조절 시스템을 인간의 기술에 의해 원하는 대로 변화시킬 수 있다고 주장하기도 하고,

대기 중의 이산화탄소를 포집해서 바다 밑에 가두는 기술이 있으니까

온실가스 감소에 별다른 큰 노력을 기울일 필요가 없다고 말하기도 하지.
이런 좋은 기술이 있는데 뭐가 걱정입니까?
절레 절레

인류가 발전하려면 에너지 사용을 줄이는 것은 불가능하기 때문에 새로운 에너지 기술을 통해서 계속 많은 에너지를 쓸 수 있도록 해야 돼요.

재미있는 것은 이런 에너지론을 펴는 사람들은 재생가능 에너지에는 관심이 없다는 거야.
어휴~, 저런 걸로는 안 돼요.
어휴

엄청난 자본과 기술력으로 기존의 에너지 강대국과 대기업이나 개발할 수 있는 원자력에너지나 수소 에너지 같은 기술만이 중요한 해결책이라고요.
H₂

환경주의자들이 내세우는 '사전 예방의 원칙'은 인류의 발전을 가로막는 음모이며, 지속가능성 역시 경제발전을 막는 환상에 불과하다니까요.
사전 예방의 원칙
지속가능성
인류의
발전

결국, 이 세계를 이해하고, 문제를 해결하는 방식을 결정하는 철학과 정치가 과학적 사실만큼이나 중요하다는 것을 알 수 있어.
왜 이렇게 되었을까?
환경 문제
그런 것까지 뭐하러 신경써? 싱싱한 걸로 사다먹으면 되지~.

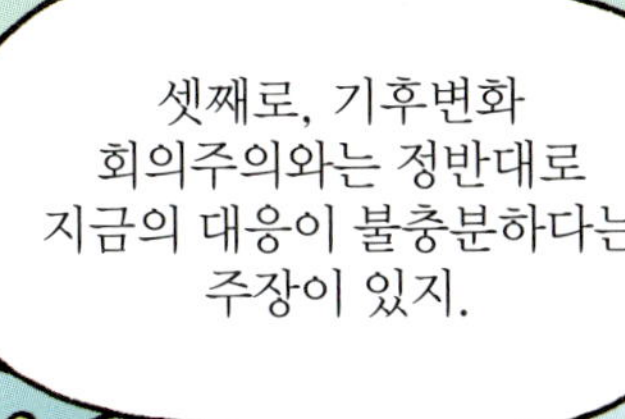

셋째로, 기후변화 회의주의와는 정반대로 지금의 대응이 불충분하다는 주장이 있지.
지금과 같은 노력으로는 절대 기후변화를 막을 수 없어요.
보다 급진적이고 근본적인 대응이 필요하다구요.
기후변화

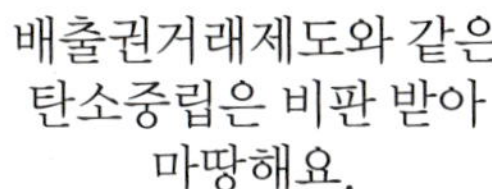

배출권거래제도와 같은 탄소중립은 비판 받아 마땅해요.

CO2

온실가스를 배출할 수 있는, 즉 대기를 오염시킬 수 있는 '권리'를 부여하는 것이 정당한 건지,
온실가스 배출
권리증

이 배출권이 시장에서 사고 팔 수 있는 상품이 되는 것이 타당한지 문제를 제기하지.
₩

과연 이 제도가 효과가 있는지에 대해서도 의문이에요.
온실가스 배출권

일단 상품이 되면 시장의 논리에 따라 움직이게 되고,
10000
10000
온실가스 배출권

그러면서 당초 기대했던 방향과는 다르게 엉뚱한 결과를 초래할 수 있어.
온실가스 배출권
앗!

왜냐하면 자유 시장의 최대 가치는 이윤이기 때문에
₩

탄소상쇄 시장 역시 기후변화 완화보다는
10000
온실가스 배출권

이익을 추구하게 되면서 부작용이 생길 수 있다는 거지.
덥석

예를 들어, 심기만 하고 돌보지 않아서 그동안 탄소상쇄를 위해 심었던 나무의 40%가 죽어버렸고,
알아서 크겠지~.

그 지역에 맞지 않는 나무를 심어서 오히려 생태계를 망가뜨린 경우도 많지.
뭐가 이렇게 까다롭냐?
헉!

하나의 프로젝트로 감축한 온실가스 감축량을
어디 한번 보자~.
CO₂

서로 다른 탄소상쇄 프로그램을 통해서
살짝 하나 더….
CO₂
스윽~

이중으로 인정을 받는 편법도 있고 말이야.
두 개 다 했어요!
CO₂
CO₂

이런 문제에 대해서도 생각해 봐야 해.
또한 탄소의 상품화는 사람들이 자신의 탄소배출에 관해 직접적인 책임을 지지 않고, 단지 '소비'의 형태로 문제를 해결하도록 만든다는 점에 대해서도 생각해 볼 일이야.
매일 자가용을 타고 함부로 에너지를 쓰면 좀 어때?
돈만 있으면 탄소상쇄 프로그램을 구매할 수 있고,
그러면 배출한 탄소를 그만큼 흡수한 건데.
부아앙
CO₂
꾹꾹
CO₂

이런 상황이라면 누가 자신의 삶을 반성하고, 해결점을 찾고, 변화를 위해 애를 쓰겠어?
배출권이 필요하세요?
전화 한통이면 해결!
XXX - XXXX

더구나 기업이 자신들이 지구환경을 위해 좋은 일을 하고 있다고 선전할 수 있는 홍보의 기회까지 마련해 주고 말이야.
우리 기업은 지구를 사랑합니다!
환경보호

그러다보니, '당신이 우리 회사의 석유를 넣을 때마다 지구 환경은 깨끗해집니다'라는
모순투성이 광고도 가능해진 거지.

애초부터 환경문제가 자유시장경제의 산업사회가 야기한 문제인데,
자~, 배출권입니다.
내가 사겠소!
나한테 팔아요!
내가 더 낼게요!
이것을 시장에 맡겨서 해결한다는 발상 자체가 잘못되었다고 주장하는 사람들도 있지.

하지만 현대의 산업이 실질적인 온실가스 발생원인데,
이 산업계가 적극적으로 문제 해결에 참여하도록 유도하기 위해서 그나마 이런 제도라도 필요하다는 주장도 만만치 않아.
영차 영차
문제 해결
기후변화를 한번에 해결할 수 있는 거대한 기술이나 제도가 있을까?
인류가 마주한 이 전대미문의 위기를 함께 헤쳐나가기 위해서는 무엇보다 대화와 협력이 필요해.
기후 변화
기후변화를 야기하는 가해자와
그것의 피해자가 동일하지 않다는 점에서 윤리가 필요하지.
더 이상은 안 돼!

나의 후손과 다른 생명체들의 미래를
걱정해야 한다는 점에서 감수성이,

삶의 양식과 시스템을 새롭게 설계해야 한다는
점에서 상상력이 필요하지.

결국 인류가 기후변화를 해결해 나가는 과정 속에서
변화하고 실천해야 하는 행위들을 기후변화라는
사건을 해결하는 데에만 유용한 것이 아니야.

인류가 함께 미래를
열어 가는 세계시민사회로
거듭나는 과정이라고
생각해.

기후변화라는 위기가
지구인들이 함께 성장해
나가는 소중한 기회가
되기를 진심으로 바라.

안녕~

환경문제는
누가 해결해야 하나

출처 : www.worldmapper.org

여러분, 이 그림은 무슨 지도일까요? 세계지도인 것 같긴 한데 여러분이 알고 있는 지도와 뭔가 다른 것 같죠? 이 지도는 땅의 크기에 따라 그린 것이 아니라 각 나라에서 배출한 핵폐기물의 상대적인 크기를 기준으로 그린 것이에요. 미국과 캐나다, 북유럽과 동아시아 등이 많은 양의 핵폐기물을 배출하는 반면, 남아메리카나 아프리카, 동남아시아 쪽은 매우 작다는 것을 알 수 있을 거예요.

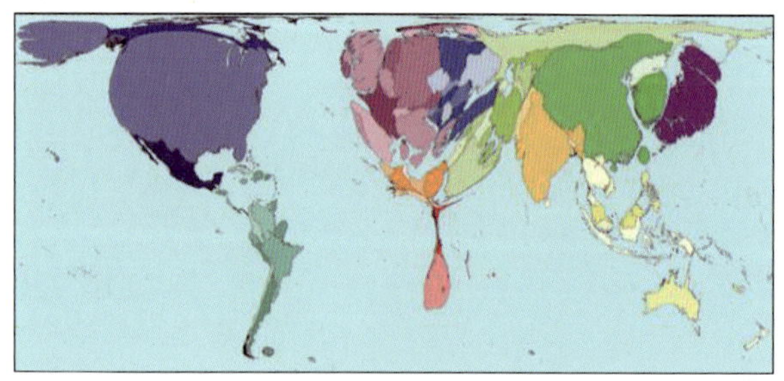

이 지도는 국가별 이산화탄소 배출량으로 영토를 표기했어요. 역시 북반구에 있는 나라들이 많은 양을 배출하고 있다는 것을 알 수 있죠. 지구의 대기는 지구인 모두의 것이지만, 전 세계 인구의 약 18%인 북반구의 사람들이 전체 이산화탄소 배출량의 70%을 배출하고 있어요. 반면, 기후변화로 인한 폭우와 가뭄, 해수면 상승과 질병과 같은 기후 재앙을 주로 겪는 것은 남반구의 사람들이죠. 기

후변화로 고통 받고 있는 나라의 사람들 중에는 기후변화라는 말 자체를 들어 본 적도 없는 경우도 많아요.

이렇듯 환경 문제를 야기하는 원인 제공자와 그 결과로 인해 피해를 입는 사람들이 서로 다를 때 환경정의에 대해 생각하지 않을 수 없죠. '누가 이 문제를 해결해야 하는가?' 또는 '누가 이 문제 해결에 더 많은 책임이 있는가?'라는 질문을 던져 보세요. 원인 제공자(심하게 말하자면 가해자)에게 더 많은 책임이 있고, 해

멕시코의 심각한 가뭄.
ⓒTomas Castelazo

결하기 위해 노력할 의무가 있다는 건 누구나 알고 있을 거예요. 더 많은 자원을 누리는 반면, 더 많이 오염을 시키면서 선진국 반열에 오른 국가들이 기후변화와 같은 전 지구적인 환경문제 해결에 더욱 적극적으로 나서야 하는 것이 바로 환경정의라고 할 수 있겠죠.

여러분은 환경문제에 있어서 가해자일까요, 피해자일까요? 산업화된 나라에 살고 있는 여러분은 가해자일 가능성이 크지 않을까요? 이런 질문을 받는다면 여러분은 아마 불쾌할 수도 있어요. 여러분은 그저 보통 사람들처럼 살고 있을 뿐이고, 다른 나라 사람들이나 다른 생명체가 환경재앙으로 고통 받기를 바란 건 아닐 테니까요. 나도 모르는 사이에 가해자가 되지 않기 위해서 우리는 무엇을 배우고 또 행동해야 할까요? 오늘을 살아가는 현대인들에게 던져진 이 윤리적 질문에 대한 답이 무엇일지 고민해 보세요.

오늘날 인류는 자신들이 살고 있는 지구에 대해 더 많이 이해할 수 있게 되었어요. 지구는 모두의 관심사와 걱정인 동시에 희망의 대상이 되었고, 사람들은 그 어느 때보다도 지구를 아끼고 사랑하는 마음을 갖게 되었죠. 그 소중한 마음과 지혜를 모아 새롭게 제기된 윤리적 문제를 잘 풀어나갈 수 있기를 바라요!

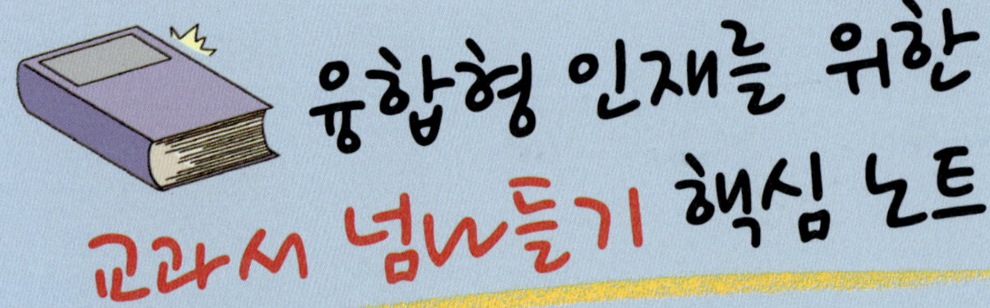

넘나들며 읽기

새롭고 창의적인 키워드를 만들어 내기 위해서는 기존의 개념을 잘 이해해야 합니다. 창의적인 것이란 이 세상에 존재하지 않는 것을 만들어 내는 것이 아니라 기존의 것들을 잘 섞고 혼합하여 폭을 넓히면서 만들어지는 것이니까요. 이 책에서 읽은 내용을 바탕으로 창의적인 사고를 펼쳐 볼까요?

지구온난화의 진실과 거짓?

요즘 텔레비전을 틀면 북극의 얼음덩어리 위에서 슬픈 표정을 짓고 우리를 바라보는 북극곰이 자주 나와요. 북극곰이 살아가야 할 터전인 북극의 얼음이 녹고 있다는 절박한 메시지를 전하는 상징적인 장면이지요. 실제로 얼음은 북극에 사는 생물들에게 매우 중요한 장소예요. 만약 얼음이 사라진다면 북극의 생태계는 큰 혼란을 겪을 거예요.

과학자들은 북극의 얼음이 사라지는 원인이 지구온난화 때문이라고 보고 있어요. 지구온난화의 속도가 빨라지면서 지표면 평균온도가 급격히 올라가고, 이 때문에 얼음이 녹아서 북극을 둘러싼 빙하의 면적이 줄어든다는 거죠. 그런데 지구온난화는 단지 북극의 얼음에만 영향을 주는 것이 아니에요. 지구온난화야말로 현재 우리가 겪고 있거나 앞으로 겪을 것이라고 예상하는 모든 환경재앙의 주범으로 지목되고 있답니다.

원래 지구온난화 현상은 과거에도 있었어요. 하지만 산업이 발달하고, 석유와 석탄 같은 화석연료를 사용하기 시작하면서 지구온난화를 일으키는 주요 물질인 온실가스 배출이 폭발적으로 늘어났지요. 20세기 전반까지는 자연 활동이 지구온난화를 일으켰는데, 20세기 후반부터는 인류의 활동이 지구온난화를 일으키고 있는 것이에요. 지구온난화가 지속되면 빙하가 사라지고 해수면이 상승해 섬이나 해안에 살고 있는 사람들에게 엄청난 영향을 미칠 거예요. 또 태풍과 가뭄 등 자연재해도 증가하겠지요.

이러한 예측은 앨 고어의 영화 〈불편한 진실〉에 잘 그려져 있어요. 영화 속에서는 미국 플로리다 주 전체가 약 6미터 깊이의 물속으로 가라앉고, 네덜란드가 지도에서 통째로 사라지는가 하면, 베이징과 상하이 같은 대도시도 차례로 물속에 잠겨요. 영화는 단지 공포스러운 가능성만 보여주지만, 바로 이런 우려 때문에 국제사회가 힘을 모아 지구온난화의 주범인 온실가스 배출을 줄이고, 기후변화에 대처하기 위해 노력하고 있지요.

그런데 지구온난화라는 테마로 전 세계 사람들을 하나로 묶는 것은 말처럼 쉬운 일이 아니에요. 무엇보다 지구온난화는 직관적으로 이해하기 어려운 개념이라 실감하기가 쉽지 않지요. 커다란 냄비 속에 들어 있는 개구리를 생각해 보세요. 냄비를 채운 물은 점점 뜨거워지지만 정작 안에 있는 개구리는 사태가 얼마나 심각한지 전혀 알 수 없지요.

지구온난화가 지금 당장의 문제가 아닌 먼 미래의 문제라는 것도 약점으로 작용해요. 온난화가 지구에 파국을 불러일으킨다면 그건 아마도 우리의 손자 세대, 아니면 손자의 손자 세대에서 겪을 일일 거예요. 물론 그 사이에 어떤 획기적인 과학기술이 나와 지구온난화의 위협을 단숨에 해소시켜 줄 수도 있어요. 거꾸로 말해서, 지금 당장 막대한 투자비를 들여 신재생에너지를 개발한다고 해도 그 효과를 볼 수 있는 건 수십 년 뒤라는 것이죠. 바로 이런 이유 때문에 지구온난화 대책을 세우는 일이 비현실적이라고 주장하는 사람도 적지 않아요.

무엇보다도 지구온난화는 여전히 과학적인 논쟁거리예요. 지구온난화 이론에 반대하는 입장에서는 "지구온난화 때문에 북극곰이 멸종한다는 주장은 근거가 없다."라고 말하기도 해요. 조사에 따르면 지난 40년 동안 북극곰 개체수가 획기적으로 늘어났고, 현재는 규모가 상당히 안정되었다는 거지요. 또 반대론자들은 지구의 해수면이 올라가는 원인도 꼭 지구온난화 때문만은 아니라고 주장해요. 물을 한 잔 떠서 얼음을 띄워 두면 그 얼음이 녹아도 물 높이는 달라지지 않는 것처럼, 북극의 얼음이 녹더라도 해수면 높이는 바뀌지 않는다는 거지요. 또 1860년 이래 지금까지 해수면이 실제로 약 30센티미터 정도 높아졌지만, 그 때문에 그렇게 대단한 사태가 벌어지지는 않았다고 반박하고 있어요.

과연 지구온난화의 위협은 진실일까요, 아니면 그저 사람들이 과장하고 꾸며 낸 공포에 지나지 않을까요? 텔레비전에 등장하는 북극곰의 현실을 안타까워하고 지구의 미래를 두려워하는 것은 마땅히 그래야 할 일일까요, 아니면 지나친 걱정일까요? 앞으로 지구온난화가 그려 낼 미래는 어떤 모습일까요? 우리가 어떻게 행동하는 것이 지구와 우리 다음 세대에게 바람직한 일인지 현명하게 판단해 볼 때예요.

더 생각해 보기

- 오늘날에도 제 3세계에서는 수많은 사람들이 영양실조로 죽고, 수백만 명의 사람들이 깨끗한 마실 물이 없어 고통 받고 있어요. 우리가 해결해야 할 문제가 꼭 북극곰을 살리는 것뿐일까요? 지구의 다양한 환경문제를 조사한 뒤, 어떤 방식으로 해결하면 좋을지 생각해 보세요.

창의적 독서란 책이 주는 정보를 정보 그대로 이해하는 것이 아니라 자기 것으로 만드는 독서를 일컫는 말입니다. 이 책에서 넘나들기를 한 분야 외에 세상의 많은 분야와 정보가 모두 이 책을 중심으로 뻗어나갈 수 있을 것입니다. 이 질문들은 여러분들이 창의적인 상상을 할 수 있도록 도와주는 것들입니다. 최선의 답은 있으나 정답이 있는 것은 아닙니다. 책의 내용과 관련지어 다음과 같은 질문들에 간단하게 생각을 해 봅시다.

민영이네 동네에서는 방사능폐기물처리장 건설을 둘러싸고 하루가 멀다 하고 큰 소동이 벌어지고 있어요. 건설을 반대하는 쪽과 찬성하는 쪽의 입장이 팽팽해요. 찬성하는 쪽에서는 방폐장이 안전할뿐더러 특별지원금 수천억 원이 나와서 지역 발전에 큰 도움이 된다고 말하고, 반대하는 쪽에서는 만일 일본의 후쿠시마 원전처럼 큰 사고가 나면 돌이킬 수 없는 재앙이 될 거라고 주장해요. 과연 어느 쪽 주장이 더 근거가 있는 걸까요?

원자력발전소와 방사능폐기물처리장 등을 둘러싼 찬반 논란은 우리나라뿐만 아니라 전 세계적으로 벌어지고 있는 문제예요. 특히 일본에서 일어난 후쿠시마 원전 사고 이후 원자력발전의 비율을 줄여 나가야 한다는 목소리가 높아요. 하지만 아직 원자력발전을 대체할 만한 에너지 전환 계획이 본격적으로 시작된 것은 아니에요. 찬성과 반대쪽의 의견을 좀 더 조사해 보고 자신은 어떤 입장인지 이야기해 보세요.

선희네 할아버지는 시골에서 농사를 지어요. 그런데 요즘은 전화 통화를 할 때마다 농사일이 예전 같지 않다고 말씀하세요. 선희는 가뭄이 들어 문제인 줄 알았는데, 어머님의 말씀을 들어 보니 그보다는 아예 농사를 짓는 환경 자체가 변했다는 거예요. 실제로 환경 변화가 농사에 직접적인 영향을 미치는 걸까요?

우리나라의 작물 재배 지형도가 바뀌고 있어요. 제주의 한라봉은 전북 김제로, 대구의 사과는 경기도 포천으로, 보성의 녹차는 강원도 고성까지 북상했어요. 여름철 채소의 주산지인 고랭지 채소 재배 면적도 최근 5년 동안 40퍼센트 이상 감소했어요. 기후변화로 그간 없던 새로운 병해충이 발생하기도 하지요. 게다가 고온이나 저온, 폭우, 가뭄, 일조량 부족 등 기후변화도 농사를 어렵게 만드는 데 한몫하고 있어요.

민선이네 할머니가 말씀하시길 예전에는 설탕이 귀해서 설탕 대신 인공감미료인 사카린을 타서 마시곤 했대요. 사카린은 조금만 사용해도 설탕보다 몇백 배나 강한 단맛을 낼 수 있어서 예전에는 음식에 자주 넣어 사용했다고 해요. 그러다가 사카린이 암 발생을 부추긴다는 연구 결과 때문에 사용을 제한한 거래요. 그런데 최근 식품의약품안전청이 사카린을 식품에 쓸 수 있도록 허용하겠다고 밝혔어요. 사카린 같은 인공감미료를 음식에 넣어 사용해도 괜찮은 걸까요?

어떤 선택을 할 때는 비용과 편익이라는 측면을 고려해야 해요. 예를 들어 엑스레이를 찍을 때는 방사선 위험을 감수하는데, 그 검사를 통해 질병을 발견하는 이득에 비하면 위험이 훨씬 작기 때문이에요. 식품첨가제나 화학물질도 마찬가지 관점에서 따져 볼 수 있어요. 어떤 물질이 좋지 않다고 해서 무조건 추방하는 것이 꼭 이익일지 곰곰이 생각해 보세요.

교토의정서는 지구온난화 규제와 방지를 위해 채택된 국제협약이에요. 교토의정서에서 제시한 만큼 온실가스를 감축하지 못하면 그에 따른 벌금을 물어야 해요. 그런데 최근 캐나다가 교토의정서를 탈퇴했어요. 온실가스 감축에 들어가는 막대한 비용을 감당할 수 없다는 거지요. 환경을 살리는 데 앞장서야 할 환경 선진국 캐나다가 교토의정서에서 탈퇴하는 것이 윤리적으로 옳은 일일까요?

캐나다는 교토의정서를 탈퇴하면서 미국과 중국이 온실가스 감축에 나서지 않는 마당에 캐나다가 노력한다고 한들 온실가스 배출 증가를 막을 수는 없다고 밝혔어요. 미국은 자국 산업 보호 등을 이유로, 중국은 개발도상국이라는 이유로 온실가스 의무 감축 대상에서 제외되었어요. 하지만 미국과 중국은 세계 최대 온실가스 배출 국가이기도 해요. 만약 모든 나라가 미국과 중국처럼 자국의 이익을 위해서만 행동한다면 국제협약인 교토의정서가 유명무실해질 위험성이 있어요.

우리가 GMO라고 부르는 유전자조작식품은 생산량을 늘리고 유통을 편리하게 하려고 유전자를 인위적으로 분리하거나 결합해 만든 농산물을 뜻해요. 그런데 요즘은 뉴스에서 식품 안전성 문제 때문에 GMO를 반대하자는 소식이 자주 들려와요. GMO는 환경에 좋지 않으니까 결국 우리 식탁에서 몰아내야 하는 식품인 걸까요?

농산물의 유전자를 조작해서 생산량을 늘리면 기아에 허덕이는 제 3세계 사람들을 배불리 먹일 수 있는 데다, 농가의 이익도 꾀할 수 있다고 유전자조작식품 회사들은 말해요. 하지만 GMO를 반대하는 사람들은 그런 회사들이 관심 있는 건 GMO 관련 종자와 살충제 판매일 뿐이며, 인위적인 기술로 변형된 유전자 변형 식품이 인체나 환경에 큰 해를 끼칠 수 있다고 말해요. GMO에 대한 찬성과 반대 입장을 더 살펴보고 자신의 입장을 이야기해 보세요.

이어령의 교과서 넘나들기15_ 환경편

펴낸날	초판 1쇄 2012년 7월 27일
	초판 3쇄 2014년 10월 20일

콘텐츠 크리에이터	이어령
지은이	곽임정난
그린이	조진옥
기 획	손영운
펴낸이	심만수
펴낸곳	(주)살림출판사
출판등록	1989년 11월 1일 제9-210호

주소	경기도 파주시 광인사길 30
전화	031-955-1350 팩스 031-624-1356
홈페이지	http://www.sallimbooks.com
이메일	book@sallimbooks.com

ISBN	978-89-522-1898-8 03530
	978-89-522-1531-4 (세트)

※ 값은 뒤표지에 있습니다.
※ 잘못 만들어진 책은 구입하신 서점에서 바꾸어 드립니다.

책임편집	장선영